黄石庵林场
FUNIUSHAN GUOJIA JIZIRAN BAOHUQU

伏牛山国家级自然保护区（黄石庵段）珍稀植物图鉴

王保刚　刘宗才　主编

河南科学技术出版社
· 郑州 ·

图书在版编目（CIP）数据

伏牛山国家级自然保护区（黄石庵段）珍稀植物图鉴 / 王保刚，刘宗才主编. —郑州：河南科学技术出版社，2024.4

ISBN 978-7-5725-1488-3

Ⅰ. ①伏… Ⅱ. ①王… ②刘… Ⅲ. ①山—自然保护区—珍稀植物—河南—图集 Ⅳ. ①Q948.526.1-64

中国国家版本馆CIP数据核字（2024）第063145号

出版发行：河南科学技术出版社
地址：郑州市郑东新区祥盛街27号　邮编：450016
电话：（0371）65737028　65788613
网址：www.hnstp.cn
邮箱：hnstpnys@126.com

策划编辑：陈淑芹
责任编辑：陈淑芹
责任校对：张萌萌　崔春娟
封面设计：张　伟
责任印制：徐海东
印　　刷：河南瑞之光印刷股份有限公司
经　　销：全国新华书店
开　　本：889 mm × 1 194 mm　1/16　　印张：22　　字数：540千字
版　　次：2024年4月第1版　　2024年4月第1次印刷
定　　价：298.00元

《伏牛山国家级自然保护区（黄石庵段）珍稀植物图鉴》编委会及作者名单

主　　任：王保刚　郭　强

副 主 任：乔世锴　薛林堂　申　晓　刘宗才

编　　委：吕小敏　贾　赛　王光明　安红旗　衡建宏
张天鹏　张晓东

名誉主编：郭　强

主　　编：王保刚　刘宗才

副 主 编：乔世锴　贾　赛　王光明　汪　洋　晋向丽

编写人员：刘宗才　徐东亚　刘煜坤　陈元江　丛海江
张学宇　王保刚　郭　强　乔世锴　申　晓
吕小敏　薛林堂　李继选　赵　娣　周志军
晋向丽　张天鹏　贾　赛　王光明　汪　洋
贾德胜　张晓东　安红旗　聂江峰　郝　浩
王雪飞　宋复燕　王　君　宋晨曦　李玲达
龚勃伊　宋春静　戚耀宇　张国栋　韩　威
山晓潼　周志皓　王全卓　袁一航　马玉鹏

主编单位　河南伏牛山国家级自然保护区黄石庵管理局
河南汇林植物科技咨询中心
南阳师范学院
信阳学院

编写说明

本书是在开展河南伏牛山国家级自然保护区黄石庵管理局辖区植物资源本底调查的基础上，由河南伏牛山国家级自然保护区黄石庵管理局组织编写完成。本书以保护区内国家重点保护野生植物、河南省重点保护野生植物、国家珍贵树种、中国特有种子植物及区内重要代表性植物为主，收录该保护区珍稀植物 308 种（含亚种、变种及变型）。每种均以中文名、学名、科名、属名、形态特征、保护级别、分布与生境为主要内容进行编写。每种植物配以体现其形态特征的图片一至多幅，便于读者认识各种植物并掌握其识别特征。

本书植物种名（中文名和拉丁学名）以《中国植物志》（在线版）最新修订版为准，稍有调整；蕨类植物以秦仁昌蕨类植物分类系统为准，稍有调整；裸子植物以郑万钧裸子植物分类系统为准；被子植物主要依据 Cronquist（克朗奎斯特）系统排序，稍有调整。以《河南植物志》为参照，本书所收录植物的中文名后面的名称为《河南植物志》的原中文名，便于对应；拉丁学名以《中国植物志》（在线版）最新修订版为准予以订正（未予备注）；以《河南植物志》为代表的河南植物文献中，被归并和无效发表的名称，部分予以备注。

国家重点保护野生植物按照 2021 年 9 月新版《国家重点保护野生植物名录》统计；河南省重点保护野生植物按照河南省人民政府 2005 年 1 月公布的《河南省重点保护植物名录》进行统计；国家珍贵树种按照 1992 年 10 月国家林业部公布的《国家珍贵树种名录》第一批，进行统计；中国特有种子植物按照 2014 年 11 月由黄继红、马克平、陈彬等编写的《中国特有种子植物的多样性及其地理分布》进行统计。

前　言

河南伏牛山国家级自然保护区黄石庵管理局位于伏牛山老界岭南麓腹地的西峡县东北部，地处国家南水北调中线工程渠首丹江源头地区，坐落在西峡县太平镇、二郎坪镇、军马河镇3镇17村45个村民小组的行政区域境内，地理坐标为东经111°29′36″~111°49′54″，北纬33°25′54″~33°44′20″，东部与河南伏牛山国家级自然保护区五马寺管理局和河南内乡宝天曼国家级自然保护区接壤，西部与河南伏牛山国家级自然保护区黑烟镇管理局和西峡县石界河镇、米坪镇接壤，南部与西峡集体林区和内乡县夏馆、板场乡毗邻，北部与河南伏牛山国家级自然保护区老君山管理局、龙峪湾管理局辖区相接，东西长31.5 km，南北宽28.6 km。林区面积12 836 ha，森林覆盖率98.6%。本区既是伏牛山国家级自然保护区组成范围中面积最大、海拔最高（2 212.5 m）、生物多样性最丰富的区域，又是我国南水北调中线工程渠首丹江口库区的源头地区，是最重要的生态保护绿地，同时本区域还是南阳伏牛山世界地质公园的核心区域，具有极重要的生态保护价值。保护区内森林呈现出原始的自然性、南北过渡的典型性、生物资源的丰富多样性、地理位置的独特性及保护物种的珍稀濒危性，因此，本区于1997年2月被国家林业部与世界自然基金会（WWF）确定为具有国家和全球重要意义的区域（A级自然保护优先领域的保护区），予以优先保护，且本区已于1992年10月在北京召开的“中国生物多样性保护行动计划”第二次研讨会上，被确定为森林生态系统自然保护区的优先领域。

黄石庵管理局在保护、科研、教学、经营管理等领域，开展了大量工作，进行了多项调查。为探索自然规律、寻求有效管理自然保护区的途径，充分发挥自然保护区的综合效益，加速保护区的建设步伐，需要进一步查清家底。2017年黄石庵管理局联合南阳师范学院等科研院所，共计20多名专家、教授、博士及在读研究生，涉及植物分类、植物地理、植物资源、植物群落生态、植物区系、植物多样性、生态学、保护区管理、数字技术等10余个专业领域，利用数字化、地标化野外调查技术，对保护区进行了系统调查；

2021—2023 年与南阳师范学院、河南农业大学、河南汇林植物科技咨询中心等科研院所开展了第二轮调查。在此基础上编写完成《伏牛山国家级自然保护区（黄石庵段）珍稀植物图鉴》。

本书图文并茂，文字简练，图片精美，可为自然保护区科研工作者提供重要参考；为林学、园林、生物学、环保等相关专业的师生在保护区实习、考察提供重要参考；同时也是了解本区植物资源的科普读物。

因参编人员摄影水平所限，部分植物照片质量不尽如人意，敬请谅解；由于编者水平有限，错误及疏漏之处，恳请指正，以臻完善。

编　者

2023 年 11 月

伏牛山主峰犄角尖

老界岭

伏牛山植被

油松

目　录

（一）卷柏科 Selaginellaceae …… 1
1. 垫状卷柏 …… 1
（二）铁角蕨科 Aspleniaceae …… 2
2. 过山蕨 …… 2
（三）球子蕨科 Onocleaceae …… 4
3. 荚果蕨 …… 4
（四）松科 Pinaceae …… 5
4. 巴山冷杉 …… 5
5. 华山松 …… 6
6. 白皮松 …… 7
7. 铁杉 …… 8
（五）三尖杉科 Cephalotaxaceae …… 9
8. 三尖杉 …… 9
9. 粗榧 …… 10
（六）红豆杉科 Taxaceae …… 11
10. 红豆杉 …… 11
11. 南方红豆杉 …… 12
（七）木兰科 Magnoliaceae …… 13
12. 望春玉兰 …… 13
13. 黄山玉兰 …… 14
14. 武当玉兰 …… 15
（八）樟科 Lauraceae …… 16
15. 天竺桂 …… 16
16. 川桂 …… 18
17. 乌药 …… 19
18. 红果山胡椒 …… 20
19. 红脉钓樟 …… 21
20. 山橿 …… 22
21. 天目木姜子 …… 23
22. 豹皮樟 …… 24
23. 毛豹皮樟 …… 25
24. 木姜子 …… 26
25. 秦岭木姜子 …… 27
26. 宜昌润楠 …… 28
27. 簇叶新木姜子 …… 29
28. 闽楠 …… 30
29. 紫楠 …… 32
（九）金粟兰科 Chloranthaceae …… 33
30. 宽叶金粟兰 …… 33
31. 银线草 …… 34
32. 多穗金粟兰 …… 35
33. 及已 …… 36
（十）马兜铃科 Aristolochiaceae …… 37
34. 汉城细辛 …… 37
35. 关木通 …… 38
36. 寻骨风 …… 39
37. 马蹄香 …… 40
（十一）五味子科 Schisandraceae …… 41
38. 红茴香 …… 41
39. 南五味子 …… 42
40. 狭叶五味子 …… 43
41. 华中五味子 …… 44
（十二）毛茛科 Ranunculaceae …… 45
42. 阿尔泰银莲花 …… 45
43. 鹅掌草 …… 46
44. 大火草 …… 47

45. 华北耧斗菜 …… 48
46. 大花威灵仙 …… 49
47. 川陕翠雀花 …… 50
48. 河南翠雀花 …… 51
49. 全裂翠雀花 …… 52
50. 纵肋人字果 …… 53
51. 河南唐松草 …… 54
52. 大叶唐松草 …… 55
53. 西南唐松草 …… 56
54. 长喙唐松草 …… 57
55. 长柄唐松草 …… 58
56. 粗壮唐松草 …… 59
（十三）小檗科 Berberidaceae …… 60
57. 豪猪刺 …… 60
58. 秦岭小檗 …… 61
59. 首阳小檗 …… 62
60. 短柄小檗　毛叶小檗 …… 63
61. 淫羊藿　短角淫羊藿 …… 64
62. 湖南淫羊藿 …… 65
63. 阔叶十大功劳 …… 66
（十四）木通科 Lardizabalaceae …… 67
64. 鹰爪枫 …… 67
（十五）清风藤科 Sabiaceae …… 68
65. 暖木 …… 68
66. 珂楠树 …… 70
（十六）罂粟科 Papaveraceae …… 71
67. 小药八旦子 …… 71
68. 延胡索 …… 72
（十七）连香树科 Cercidiphyllaceae …… 73
69. 连香树 …… 73
（十八）领春木科 Eupteleaceae …… 74
70. 领春木 …… 74
（十九）金缕梅科 Hamamelidaceae …… 75
71. 牛鼻栓 …… 75
72. 枫香树 …… 76
73. 山白树 …… 78
74. 水丝梨 …… 79
（二十）杜仲科 Eucommiaceae …… 80
75. 杜仲 …… 80
（二十一）榆科 Ulmaceae …… 81
76. 青檀 …… 81
77. 大叶榉树 …… 82
78. 大果榉 …… 83
（二十二）胡桃科 Juglandaceae …… 84
79. 青钱柳 …… 84
80. 胡桃楸 …… 85
81. 湖北枫杨 …… 86
82. 云南枫杨 …… 87
（二十三）壳斗科 Fagaceae …… 88
83. 米心水青冈 …… 88
84. 水青冈 …… 89
85. 细叶青冈 …… 90
86. 青冈 …… 91
87. 小叶青冈　青栲 …… 92
88. 岩栎 …… 93
89. 巴东栎 …… 94
90. 蒙古栎 …… 95
91. 乌冈栎 …… 96
（二十四）桦木科 Betulaceae …… 97
92. 红桦 …… 97
93. 坚桦 …… 98
94. 亮叶桦 …… 100
95. 白桦 …… 101
96. 湖北鹅耳枥 …… 102
97. 华榛 …… 103
98. 铁木 …… 104
（二十五）芍药科 Paeoniaceae …… 105
99. 川赤芍 …… 105
100. 矮牡丹 …… 106
101. 草芍药 …… 107

102. 紫斑牡丹 …… 108
（二十六）山茶科 Theaceae …… 109
103. 紫茎 …… 109
104. 陕西紫茎 …… 110
（二十七）猕猴桃科 Actinidiaceae …… 111
105. 软枣猕猴桃 …… 111
106. 中华猕猴桃 …… 112
107. 美味猕猴桃 …… 114
108. 黑蕊猕猴桃 …… 115
109. 四萼猕猴桃 …… 116
110. 藤山柳 …… 117
（二十八）椴树科 Tiliaceae …… 118
111. 南京椴 …… 118
（二十九）旌节花科 Stachyuraceae …… 119
112. 中国旌节花 …… 119
（三十）葫芦科 Cucurbitaceae …… 120
113. 绞股蓝 …… 120
（三十一）鹿蹄草科 Pyrolaceae …… 121
114. 松下兰 …… 121
115. 水晶兰 …… 122
（三十二）杜鹃花科 Ericaceae …… 123
116. 秀雅杜鹃 …… 123
117. 太白杜鹃 …… 124
118. 河南杜鹃 …… 126
119. 照山白 …… 127
120. 杜鹃 …… 128
121. 满山红 …… 130
（三十三）安息香科 Styracaceae …… 131
122. 芬芳安息香 …… 131
123. 灰叶安息香 …… 132
124. 老鸹铃 …… 133
（三十四）报春花科 Primulaceae …… 134
125. 陕西报春 …… 134
（三十五）海桐科 Pittosporaceae …… 135
126. 秦岭海桐 …… 135
127. 棱果海桐 …… 136
128. 崖花子 菱叶海桐 …… 137
（三十六）景天科 Crassulaceae …… 138
129. 云南红景天 豌豆七 …… 138
（三十七）虎耳草科 Saxifragaceae …… 139
130. 山梅花 …… 139
（三十八）蔷薇科 Rosaceae …… 140
131. 唐棣 …… 140
132. 河南海棠 …… 141
133. 湖北海棠 …… 142
134. 陇东海棠 …… 143
135. 高丛珍珠梅 野生珍珠梅 …… 144
136. 华北珍珠梅 …… 145
137. 北京花楸 …… 146
138. 湖北花楸 …… 147
139. 陕甘花楸 …… 148
140. 石灰花楸 …… 149
141. 野蔷薇 …… 150
142. 粉团蔷薇 …… 151
143. 小果蔷薇 山木香 …… 153
144. 软条七蔷薇 湖北蔷薇 …… 154
145. 钝叶蔷薇 …… 155
146. 华西蔷薇 红果蔷薇 …… 156
147. 陕西蔷薇 …… 157
（三十九）豆科 Fabaceae …… 158
148. 柄荚锦鸡儿 …… 158
149. 湖北紫荆 …… 159
150. 黄檀 …… 160
151. 野皂荚 …… 161
152. 皂荚 …… 162
153. 野大豆 …… 164
154. 华山马鞍树 …… 165
（四十）瑞香科 Thymelaeaceae …… 166
155. 凹叶瑞香 …… 166
（四十一）山茱萸科 Cornaceae …… 167

156. 四照花 …… 167
157. 山茱萸 …… 168
158. 青荚叶 …… 169
（四十二）蛇菰科 Balanophoraceae …… 170
159. 红冬蛇菰 宜昌蛇菰 …… 170
（四十三）卫矛科 Celastraceae …… 171
160. 苦皮藤 …… 171
161. 大芽南蛇藤 哥兰叶 …… 172
162. 粉背南蛇藤 …… 173
163. 短梗南蛇藤 …… 174
164. 角翅卫矛 …… 175
165. 小果卫矛 …… 176
166. 栓翅卫矛 …… 177
167. 石枣子 …… 178
168. 疣点卫矛 …… 179
（四十四）冬青科 Aquifoliaceae …… 180
169. 冬青 …… 180
170. 枸骨 …… 181
171. 细刺枸骨 …… 182
172. 大果冬青 …… 183
（四十五）黄杨科 Buxaceae …… 184
173. 顶花板凳果 顶蕊三角咪 …… 184
174. 野扇花 …… 185
（四十六）大戟科 Euphorbiaceae …… 186
175. 狼毒大戟 …… 186
（四十七）鼠李科 Rhamnaceae …… 187
176. 铜钱树 …… 187
（四十八）葡萄科 Vitaceae …… 188
177. 三叶崖爬藤 …… 188
（四十九）瘿椒树科 Tapisciaceae …… 189
178. 瘿椒树 银鹊树 …… 189
（五十）无患子科 Sapindaceae …… 190
179. 七叶树 …… 190
180. 天师栗 …… 192
（五十一）槭树科 Aceraceae …… 193
181. 杈叶槭 蜡枝槭 …… 193
182. 葛罗槭 …… 194
183. 血皮槭 …… 195
184. 五尖槭 …… 196
185. 庙台槭 …… 197
186. 飞蛾槭 …… 198
187. 五裂槭 …… 200
188. 鸡爪槭 …… 201
189. 秦岭槭 …… 202
190. 建始槭 …… 203
191. 长柄槭 …… 204
192. 中华槭 …… 205
193. 金钱槭 …… 206
（五十二）芸香科 Rutaceae …… 207
194. 黄檗 …… 207
195. 川黄檗 黄皮树 …… 208
196. 异叶花椒 …… 209
197. 刺异叶花椒 …… 210
198. 朵花椒 …… 211
199. 浪叶花椒 …… 212
200. 小花花椒 刺椒树 …… 213
（五十三）凤仙花科 Balsaminaceae …… 214
201. 翼萼凤仙花 …… 214
（五十四）五加科 Araliaceae …… 215
202. 黄毛楤木 …… 215
203. 刺五加 …… 216
204. 离柱五加 …… 217
205. 糙叶五加 …… 218
206. 细柱五加 …… 219
207. 刺楸 …… 220
208. 异叶梁王茶 …… 221
209. 竹节参 大叶三七 …… 222
210. 通脱木 …… 223
（五十五）伞形科 Apiaceae …… 224
211. 北柴胡 …… 224

212. 黑柴胡 …… 225
213. 明党参 …… 226
214. 独活 …… 227
215. 条叶岩风 …… 228
216. 菱叶茴芹 …… 229
（五十六）龙胆科 Gentianaceae …… 230
217. 双蝴蝶 …… 230
（五十七）萝藦科 Asclepiadaceae …… 231
218. 杠柳 …… 231
219. 变色白前 …… 232
（五十八）马鞭草科 Verbenaceae …… 233
220. 华紫珠 …… 233
221. 老鸦糊 …… 234
（五十九）唇形科 Lamiaceae …… 235
222. 木香薷 …… 235
（六十）木樨科 Oleaceae …… 236
223. 流苏树 …… 236
224. 水曲柳 …… 238
225. 红丁香 …… 239
（六十一）玄参科 Scrophulariaceae …… 240
226. 大叶醉鱼草 …… 240
227. 地黄 …… 241
228. 玄参 …… 242
（六十二）列当科 Orobanchaceae …… 243
229. 列当 …… 243
（六十三）苦苣苔科 Gesneriaceae …… 244
230. 珊瑚苣苔 …… 244
231. 旋蒴苣苔 …… 245
232. 半蒴苣苔 …… 246
（六十四）桔梗科 Campanulaceae …… 247
233. 羊乳 …… 247
234. 党参 …… 248
（六十五）茜草科 Rubiaceae …… 249
235. 香果树 …… 249
（六十六）忍冬科 Caprifoliaceae …… 250
236. 二翅糯米条　二翅六道木 …… 250
237. 南方六道木 …… 251
238. 猬实 …… 252
239. 北京忍冬　毛母娘 …… 253
240. 郁香忍冬 …… 254
241. 盘叶忍冬 …… 255
242. 鸡树条 …… 256
243. 球核荚蒾 …… 257
244. 烟管荚蒾 …… 258
（六十七）菊科 Asteraceae …… 259
245. 黄腺香青 …… 259
246. 毛华菊 …… 260
247. 山西蟹甲草 …… 261
248. 中华蟹甲草 …… 262
249. 心叶帚菊 …… 263
250. 蚂蚱腿子 …… 264
251. 瓜叶帚菊 …… 265
252. 华帚菊 …… 266
253. 心叶风毛菊 …… 267
（六十八）天南星科 Araceae …… 268
254. 灯台莲 …… 268
255. 一把伞南星 …… 269
256. 花南星 …… 270
（六十九）禾本科 Poaceae …… 271
257. 箭竹 …… 271
（七十）姜科 Zingiberaceae …… 272
258. 蘘荷 郁荷 …… 272
（七十一）百合科 Liliaceae …… 273
259. 玉簪叶山葱　玉簪叶韭 …… 273
260. 对叶山葱　对叶韭 …… 274
261. 大百合 …… 275
262. 荞麦叶大百合 …… 276
263. 安徽贝母 …… 278
264. 川贝母 …… 279
265. 天目贝母 …… 280

266. 浙贝母 …… 281
267. 野百合 …… 282
268. 百合 …… 284
269. 渥丹 …… 285
270. 山丹 …… 286
271. 川百合 …… 288
272. 禾叶山麦冬 …… 289
273. 西藏洼瓣花 …… 290
274. 七叶一枝花 …… 291
275. 狭叶重楼 …… 292
276. 宽叶重楼 …… 293
277. 多花黄精 …… 294
278. 玉竹 …… 295
279. 黄精 …… 296
280. 轮叶黄精 …… 297
281. 湖北黄精 …… 298
282. 细根茎黄精 …… 299
283. 吉祥草 …… 300
284. 开口箭 …… 301
285. 万年青 …… 302
286. 安徽老鸦瓣 …… 303
287. 老鸦瓣 …… 304
288. 二叶老鸦瓣　二叶郁金香 …… 305
（七十二）石蒜科 Amaryllidaceae …… 306
289. 忽地笑 …… 306
290. 石蒜 …… 307
291. 中国石蒜 …… 308
（七十三）兰科 Orchidaceae …… 310
292. 头蕊兰　长叶头蕊兰 …… 310
293. 杜鹃兰 …… 312
294. 独花兰 …… 314
295. 蕙兰 …… 315
296. 春兰 …… 316
297. 扇脉杓兰 …… 318
298. 大花杓兰 …… 319
299. 毛杓兰 …… 320
300. 曲茎石斛 …… 322
301. 天麻 …… 323
302. 大花斑叶兰 …… 324
303. 小斑叶兰 …… 325
304. 斑叶兰　大斑叶兰 …… 326
305. 二叶舌唇兰 …… 327
306. 小舌唇兰 …… 328
307. 无柱兰 …… 329
308. 绶草 …… 330
中文名称索引 …… 331
拉丁学名索引 …… 335

（一）卷柏科 Selaginellaceae

1. 垫状卷柏

学　　名：*Selaginella pulvinata* (Hook. et Grev.) Maxim.

属　　名：卷柏属 *Selaginella* P. Beauv.

保护价值：近危

形态特征：植株高 5 ~ 15 cm。主茎不明显，直立，顶端丛生辐射斜展小枝，干后内卷如拳。叶二型，四裂，背腹各二裂，交互着生，卵状长圆形，急尖或有长芒尖，侧叶（即背叶）斜展，宽超出中叶，长卵圆形，急尖而有长芒尖，全缘。孢子叶穗紧密，四棱柱形，单生于小枝末端，（10 ~ 20）mm ×（1.5 ~ 2.0）mm；孢子叶一型，不具白边，边缘撕裂状，具睫毛；大孢子叶分布于孢子叶穗下部的下侧或中部的下侧或上部的下侧。大孢子黄白色或深褐色；小孢子浅黄色。本种与卷柏相似，但散生、中叶（腹叶）二列并行、指向上方，全缘等特征可与卷柏区别。

物种分布：分布于河北、湖北、云南、四川、西藏等地。河南各山区均产；生于干旱岩石上或山坡。

枝、叶

植株

（二）铁角蕨科 Aspleniaceae

2. 过山蕨

学　　名： *Asplenium ruprechtii* Sa. Kurata

属　　名： 铁角蕨属 *Asplenium* L.

保护价值： 河南省重点保护野生植物

形态特征： 植株高达 20 cm。根状茎短小，直立，先端密被小鳞片；鳞片披针形，黑褐色膜质，全缘。叶簇生；基生叶不育，较小，叶片略下延于叶柄；能育叶较大，披针形，全缘或略呈波状，基部楔形或圆楔形以狭翅下延于叶柄，先端渐尖，且延伸成鞭状（长 3 ~ 8 cm），末端稍卷曲，能着地生根行无性繁殖。叶脉网状，仅上面隐约可见，有网眼 1 ~ 3 行，靠近主脉的 1 行网眼狭长，与主脉平行，其外的 1 ~ 2 行网眼斜上，网眼外的小脉分离，不达叶边。

物种分布： 分布于黑龙江、吉林、辽宁、内蒙古、河北、山西、陕西、山东、江苏北部、江西、河南等地。河南产于伏牛山、太行山；生于林下石上。

植株

孢子囊群

叶

生境

（三）球子蕨科 Onocleaceae

3. 荚果蕨

学　　名： *Matteuccia struthiopteris* (L.) Todaro

属　　名： 荚果蕨属 *Matteuccia* Tod.

保护价值： 河南省重点保护野生植物

形态特征： 植株高 0.7 ~ 1.1 m。根茎短而直立，木质，坚硬，深褐色，与叶柄基部密被披针形鳞片。叶簇生，二型；不育叶叶柄褐棕色，长 6 ~ 10 cm，上面有纵沟，基部三角形，具龙骨状突起，密被鳞片；叶片二回深羽裂，羽片 40 ~ 60 对；能育叶柄长 12 ~ 20 cm，叶片倒披针形，长 20 ~ 40 cm，中部以上宽 4 ~ 8 cm，一回羽状，羽片线形，两侧反卷成念珠状，深褐色，包被孢子囊群。孢子囊群圆形，着生于叶脉先端囊托，成熟时连成线形，囊群盖膜质。

物种分布： 分布于黑龙江、吉林、辽宁、内蒙古、河北、山西、河南、陕西、甘肃、新疆、四川、云南及西藏等地。河南产于太行山、伏牛山、大别山、桐柏山区；生于山谷林下或河岸湿地。

孢子囊群

叶

能育叶

植株

（四）松科 Pinaceae

4. 巴山冷杉

学　　名： *Abies fargesii* Franch.

属　　名： 冷杉属 *Abies* Mill.

保护价值： 河南省重点保护野生植物；中国特有种子植物

形态特征： 乔木，高达 40 m；树皮暗灰色或暗灰褐色，块状开裂。一年生枝红褐色或微带紫色，无毛。叶长 1 ~ 3 cm，宽 1.5 ~ 4 mm，上部较下部宽，先端钝，有凹缺，稀尖，正面无气孔线，背面有两条白色气孔带；树脂道 2 个，中生。球果柱状长圆形或圆柱形，长 5 ~ 8 cm，直径 3 ~ 4 cm，熟时紫黑色；中部种鳞肾形或扇状肾形，长 0.8 ~ 1.2 cm，宽 1.5 ~ 2 cm，上部宽厚，边缘内曲；苞鳞倒卵状楔形，先端有急尖的短尖头，露出或微露出。种子倒三角状卵圆形，翅楔形，较种子为短或等长。

物种分布： 分布于河南、湖北、陕西、甘肃、四川、青海等地。河南产于伏牛山区；成纯林或组成混交林。

叶

叶背面

枝、叶、雌球花、雄球花

球果

5. 华山松

学　　名：*Pinus armandii* Franch.

属　　名：松属 *Pinus* Linn.

形态特征：乔木，高达 25 m。幼树皮灰绿色，平滑，老则成方块片固着树上。冬芽小，褐色。针叶 5 针一束，长 8 ~ 15 cm，边缘有细锯齿，正面有气孔线，树脂道 3 个，背面 2 个边生，正面 1 个中生；叶鞘早落。球果圆锥状长卵圆形，长 10 ~ 20 cm，直径 5 ~ 8 cm；种鳞先端钝圆或钝尖，微向外反卷或不反卷；鳞脐小，不显著。种子卵形或卵圆形，长 1 ~ 1.8 cm，直径 7 ~ 12 mm，有纵脊，熟时黑色稀褐色，无翅或两侧及顶端具棱脊。花期 4 ~ 5 月；球果翌年 9 ~ 10 月成熟。

物种分布：分布于山西、陕西、甘肃、湖北、四川、贵州、西藏等地。河南伏牛山和太行山区均产；生于海拔 600 m 以上山坡。

雌球花

球果

叶（5 针一束）

雄球花

枝、叶、球果

植株

6. 白皮松

学　　名：*Pinus bungeana* Zucc. ex Endl.

属　　名：松属 *Pinus* Linn.

保护价值：河南省重点保护野生植物；中国特有种子植物；濒危

形态特征：乔木，高约 30 m。树皮淡灰绿色或淡灰褐色，不规则鳞片状剥落后内皮淡白色。小枝淡绿色，无毛。冬芽卵形，褐色。针叶 3 针一束，长 5 ~ 10 cm，粗硬，边缘有细锯齿，两面均有气孔线；树脂道近边生。球果卵形，长 5 ~ 7 cm，直径约 5 cm，熟时淡黄褐色，鳞盾宽，有横脊，鳞脐有刺；种子卵形，长约 1.2 cm，直径 0.7 cm，褐色或深褐色，上部具长约 0.6 cm 的翅。花期 4 月；球果翌年 10 月成熟。

物种分布：分布于山西、陕西、甘肃、河南、四川北部、湖北西部等地。河南伏牛山、太行山区均产；生于山坡、栎林之间。

球果

树皮

枝、叶

植株

叶（3 针一束）

7. 铁杉

学　　名： *Tsuga chinensis* (Franch.) Pritz.

属　　名： 铁杉属 *Tsuga* (Endl.) Carrière

保护价值： 河南省重点保护野生植物；中国特有种子植物

形态特征： 乔木，高达 50 m，胸径约 1.6 m；树皮暗灰褐色，裂成块片脱落。一年生小枝细，淡黄色、淡褐黄色或淡灰黄色，凹槽内被短毛。叶线形，排成 2 列，长 1.2 ~ 2.7 cm，宽 2 ~ 3 mm，先端钝圆，有凹缺，全缘，或幼树之叶的中上部常有细锯齿，正面光绿色，背面淡绿色，气孔带灰绿色，初被白粉，后则脱落。球果卵圆形或长卵圆形，长 1.5 ~ 2.5 cm，直径 1.2 ~ 1.6 cm；中部种鳞五边状卵形、近方形或近圆形，边缘微内曲，背面露出部分无毛，有光泽。种子连翅长 7 ~ 9 mm。花期 4 月；球果 10 月成熟。

物种分布： 分布于安徽南部、浙江、福建北部、江西、湖北西部、湖南、广东北部、广西、云南、贵州、四川、甘肃、陕西及河南等地。河南产于伏牛山；生于海拔 1 000 ~ 2 400 m 的山地。

球果

枝、叶

枝、叶背面

植株

（五）三尖杉科 Cephalotaxaceae

8. 三尖杉

学　　名： *Cephalotaxus fortunei* Hooker

属　　名： 三尖杉属 *Cephalotaxus* Siebold & Zucc. ex Endl.

保护价值： 河南省重点保护野生植物

形态特征： 小乔木。树皮褐色或红褐色，片状脱落，枝较细长，稍下垂。叶线状披针形，常微弯呈镰状，长 3.5 ~ 10 cm，宽 3 ~ 15 mm，上部渐狭，先端渐尖，基部渐狭成楔形或宽楔形，正面深绿色，背面气孔带白色，较绿色边带宽 3 ~ 5 倍，中脉常不明显。种子 4 ~ 8 枚，生于长梗的上端，椭圆状卵形，长约 2.5 cm，假种皮熟时紫色或红紫色。花期 4 月；种子 8 ~ 10 月成熟。

物种分布： 分布于浙江、安徽、福建、江西、湖南、湖北、河南、陕西、甘肃、四川、云南、贵州、广东、广西等地。河南产于伏牛山、桐柏山、大别山区；生于山沟、溪旁或林中。

雄球花

种子

枝、叶

枝、叶背面

9. 粗榧

学　　名： *Cephalotaxus sinensis* (Rehd. et Wils.) Li

属　　名： 三尖杉属 *Cephalotaxus* Siebold & Zucc. ex Endl.

保护价值： 河南省重点保护野生植物；中国特有种子植物；近危

形态特征： 灌木或小乔木，少为大乔木；树皮灰色或灰褐色，裂成薄片状脱落。叶条形，排列成两列，通常直，稀微弯，长 2 ~ 5 cm，宽约 3 mm，基部近圆形，几无柄，上部通常与中下部等宽或微窄，先端通常渐尖或微凸尖，稀凸尖，正面深绿色，中脉明显，背面有 2 条白色气孔带，较绿色边带宽 2 ~ 4 倍。雄球花 6 ~ 7 聚生成头状，直径约 6 mm，总梗长约 3 mm，基部及总梗上有多数苞片，雄球花卵圆形，基部有 1 枚苞片。种子通常 2 ~ 5 枚着生于轴上，卵圆形、椭圆状卵形或近球形，很少呈倒卵状椭圆形，顶端中央有一小尖头。花期 3 ~ 4 月；种子 8 ~ 10 月成熟。

物种分布： 分布于江苏、浙江、安徽、福建、江西、河南、湖南、湖北、陕西、甘肃、四川、云南、贵州、广西、广东等地。河南大别山、桐柏山及伏牛山区均产；生于花岗岩、砂岩及石灰岩山地山谷、溪旁。

种子

雄球花

植株

叶背面

（六）红豆杉科 Taxaceae

10. 红豆杉

学　　名： *Taxus wallichiana* var. *chinensis* (Lemée et H. Lév.) L. K. Fu

属　　名： 红豆杉属 *Taxus* Linn.

保护价值： 国家一级重点保护野生植物；易危

形态特征： 乔木，高达 20 m。树皮灰褐色或黑褐色，长片状脱落。一年生小枝绿色。二三年生枝黄褐色。叶较厚，基部扭转成 2 列，线形，常微弯成镰状，长 1.5 ~ 3 cm，宽 2 ~ 2.5 mm，先端渐尖，间或微急尖，边缘反曲，背面中脉两侧有 2 条宽灰绿色或黄绿色气孔带，绿色边带极窄，中脉带有密生均匀的微小乳头点。种子扁卵圆形，较短，生于红色肉质杯状的假种皮中，先端微有 2 条棱脊，种脐卵圆状。花期 4 月；种子 10 月成熟。

物种分布： 分布于甘肃南部、湖北西部、河南、四川北部及西部等地。河南产于太行山、伏牛山、大别山、桐柏山区；生于海拔 1 000 m 以上的山沟或山坡杂木林中。

雄球花

枝、叶

枝、叶、种子

种子假种皮

11. 南方红豆杉

学　　名：*Taxus wallichiana* var. *mairei* (Lemée et H. Lév.) L. K. Fu

属　　名：红豆杉属 *Taxus* Linn.

保护价值：国家Ⅰ级珍贵树种；国家一级重点保护野生植物；易危

形态特征：常绿乔木，树皮淡灰色，纵裂成长条薄片；芽鳞顶端钝或稍尖，脱落或部分宿存于小枝基部。叶2列，近镰刀形，长1.5～4.5 cm，背面中脉带上无角质乳头状突起，或有时有零星分布，或与气孔带邻近的中脉两边有一至数条角质乳头状突起，颜色与气孔带不同，淡绿色，边带宽而明显。种子倒卵圆形或柱状长卵形，长7～8 mm，通常上部较宽，生于红色肉质杯状假种皮中。

物种分布：分布于长江流域以南各地，以及河南和陕西。河南产于大别山、桐柏山、太行山、伏牛山区；常生于海拔1 200 m以下的地方。

枝、叶

枝、叶背面

种子、假种皮

（七）木兰科 Magnoliaceae

12. 望春玉兰

学　　名： *Yulania biondii* (Pamp.) D. L. Fu

属　　名： 玉兰属 *Yulania* Spach

保护价值： 河南省重点保护野生植物；中国特有种子植物

形态特征： 落叶乔木，高 6 ~ 12 m。小枝绿色；冬芽密生淡黄色丝状毛。叶椭圆状披针形或卵圆状披针形，长 10 ~ 18 cm，宽 3.5 ~ 6.5 cm，先端急尖，基部圆形或楔形，正面无毛，背面沿脉有毛。花先叶开放，白色，大；萼片 3，线形，长 8 ~ 11 mm，宽约 2 mm；花瓣 6，匙形，长 5 cm；心皮细长，花柱弯曲。聚合蓇葖果不规则圆筒形，长 8 ~ 13 cm；种子深红色。花期 3 ~ 4 月；果熟期 8 ~ 9 月。

物种分布： 分布于陕西、甘肃、河南、湖北、四川等地。河南伏牛山、大别山和桐柏山区均产，河南各地有栽培；生于山坡或山沟杂木林中。

种子

花侧面

叶、聚合蓇葖果

13. 黄山玉兰

学　　名： *Yulania cylindrica* (E. H. Wilson) D. L. Fu

属　　名： 玉兰属 *Yulania* Spach

保护价值： 河南省重点保护野生植物；中国特有种子植物

形态特征： 落叶乔木，高达 10 m。树皮灰白色，平滑。嫩枝、叶柄、叶背被淡黄色平伏毛。老枝紫褐色。叶膜质，倒卵形、狭倒卵形、倒卵状长圆形，长 6 ~ 14 cm，宽 2 ~ 5 cm，先端尖或圆，很少短尾状钝尖；叶正面绿色，无毛；背面灰绿色；叶柄有狭沟。花先叶开放，直立；花蕾卵圆形，被淡灰黄色或银灰色长毛；花梗粗壮，密被淡黄色长绢毛；花被片 9，外轮 3 片膜质，萼片状，长 12 ~ 20 mm，宽约 4 mm，中内两轮花瓣状，白色，基部常红色，倒卵形，基部具爪，内轮 3 片直立。聚合果圆柱形，下垂，初绿带紫红色后变暗紫黑色，成熟蓇葖排列紧贴，互相结合不弯曲。花期 5 ~ 6 月；果期 8 ~ 9 月。

物种分布： 分布于安徽、浙江、江西、福建、湖北西南、河南等地。河南产于伏牛山区；生于海拔 700 ~ 1 600 m 的山地林间。

花侧面

花

雌、雄蕊

叶

14. 武当玉兰

学　　名： *Yulania sprengeri* (Pampanini) D. L. Fu

属　　名： 玉兰属 *Yulania* Spach

保护价值： 河南省重点保护野生植物；中国特有种子植物

形态特征： 落叶乔木，高可达 21 m，树皮淡灰褐色或黑褐色，老干皮具纵裂沟成小块片状脱落。小枝淡黄褐色，后变灰色，无毛。叶倒卵形，先端急尖或急短渐尖，基部楔形，正面仅沿中脉及侧脉疏被平伏柔毛，背面初被平伏细柔毛；托叶痕细小。花蕾直立，被淡灰黄色绢毛，花先叶开放，杯状，有芳香，花被片 12（14），近相似，外面玫瑰红色，有深紫色纵纹，倒卵状匙形或匙形；花丝紫红色，宽扁；雌蕊群圆柱形，淡绿色，花柱玫瑰红色。聚合果圆柱形，长 6 ~ 18 cm；蓇葖扁圆，成熟时褐色。花期 3 ~ 4 月；果期 8 ~ 9 月。

物种分布： 分布于陕西、甘肃、河南、湖北、湖南、四川等地。河南产于伏牛山区；生于海拔 1 300 ~ 2 400 m 的山林间或灌丛中。

花侧面

花

花被片，雌、雄蕊

枝、叶

枝、花

（八）樟科 Lauraceae

15. 天竺桂

学　　名： *Cinnamomum japonicum* Siebold

属　　名： 樟属 *Cinnamomum* Schaeff.

保护价值： 国家二级重点保护野生植物；易危

形态特征： 乔木，高达 15 m。叶互生或对生，革质，矩圆形至椭圆形，长 7 ~ 10 cm，宽 2.5 ~ 3.5 cm，先端锐尖至渐尖，基部宽楔形或钝形，3 出脉，正面深绿色，背面淡绿色，无毛；叶柄长 1 ~ 1.5 cm。花序与叶等长或稍长。核果卵圆形，暗紫色，长约 6 mm，花被裂片宿存。花期 5 ~ 6 月；果熟期 9 ~ 10 月。

物种分布： 分布于广东、浙江、湖北、河南、四川等地。河南大别山和伏牛山南部均产；生于山沟杂木林中。

叶

叶背面

植株

16. 川桂

学　　名：*Cinnamomum wilsonii* Gamble

属　　名：樟属 *Cinnamomum* Schaeff.

保护价值：河南省重点保护野生植物；中国特有种子植物

形态特征：乔木或小乔木，高 2 ~ 16 m。叶互生或近对生，革质，卵形或长卵形，长 8 ~ 18 cm，宽 3 ~ 5 cm，正面绿色，有光泽，背面灰绿色，幼时被绢状毛，后无毛，边缘软骨状反卷，离基 3 出脉；叶柄长 1 ~ 1.5 cm。圆锥花序腋生，长 4.5 ~ 10 cm，总梗长 1 ~ 6 cm，花梗细，长 6 ~ 20 mm；花白色，花被裂片两面疏生绢状毛。果具宿存全缘花被管。花期 6 ~ 7 月；果熟期 9 ~ 10 月。

物种分布：分布于广东、广西、湖北、湖南、四川、贵州、云南等地。河南伏牛山南部和大别山区均产；生于山沟杂木林中。

叶背面

果实

枝、叶

17. 乌药

学　　名： *Lindera aggregata* (Sims) Kosterm.

属　　名： 山胡椒属 *Lindera* Thunb.

形态特征： 常绿灌木或小乔木，高达 5 m。树皮灰银色。小枝细，幼时密被锈毛，后变为近无毛。叶革质，椭圆形、卵圆形或近圆形，长 3 ~ 7.5 cm，宽 1.5 ~ 5 cm，先端渐尖或尾状尖，基部圆形或急尖，离基 3 出脉，正面亮绿色，除幼时中脉被毛外均无毛，背面带绿苍白色，被棕色柔毛；叶柄长 4 ~ 10 mm，细弱，幼时被毛，后变无毛。伞形花序腋生，总梗极短或几无；常 6 ~ 8 花序集生于 1 ~ 2 mm 长的短枝上，无毛；花被片 6，淡绿色。果椭圆形，黑色；果梗长 4 ~ 7 mm，稍被柔毛。花期 4 ~ 5 月；果熟期 9 ~ 10 月。

物种分布： 分布于陕西、江苏、安徽、湖北、江西、浙江、广东、河南、广西、四川、云南和台湾等地。河南产于伏牛山南部、大别山和桐柏山区；生于山坡杂木林中。

果实

枝、叶

叶背面

18. 红果山胡椒

学　　名： *Lindera erythrocarpa* Makino

属　　名： 山胡椒属 *Lindera* Thunb.

保护价值： 河南省重点保护野生植物

形态特征： 落叶小乔木，高达 5 m。树皮灰褐色。小枝灰棕色，幼时有柔毛。叶披针状倒卵形，长 7.5 ~ 15 cm，宽 2.5 ~ 4 cm，先端长渐尖，基部楔形，下延，正面绿色，有疏柔毛或近无毛，背面带绿苍白色，有疏柔毛，沿脉较密，叶脉羽状，侧脉 4 ~ 5 对，带红色；叶柄长 5 ~ 14 mm，被柔毛。伞形花序腋生，总梗长 3 ~ 8 mm，具 12 ~ 15 花。果实球形，直径 7 ~ 8 mm，紫红色；果梗长 1.5 ~ 1.8 cm，先端膨大成碟形，直径约 3 mm。花期 3 ~ 4 月；果熟期 8 ~ 9 月。

物种分布： 分布于台湾、福建、广东、广西、湖南、湖北、江西、安徽、江苏、浙江等地。河南大别山、桐柏山、伏牛山南部均产；生于疏林中。

核果

叶背面

枝、叶

19. 红脉钓樟

学　　名： *Lindera rubronervia* Gamble

属　　名： 山胡椒属 *Lindera* Thunb.

保护价值： 河南省重点保护野生植物

形态特征： 落叶小乔木或灌木，高达 5 m。冬芽长角锥形，无毛。叶卵形或窄卵形，稀披针形，长（4～）6～8（～13）cm，先端渐尖，基部楔形，正面沿中脉疏被短柔毛，背面被柔毛，离基 3 出脉，中脉中部以上具 3～4 对侧脉，脉及叶柄秋后为红色；叶柄被短柔毛。伞形花序常 2 个，腋生，无梗或梗长不及 3 mm，具 5～8 花；总苞片宿存；花被筒被柔毛，花被片 6，外轮较长，椭圆形，内面被白色柔毛。雄花花梗密被白色柔毛，能育雄蕊 9，等长，第 3 轮花丝基部具 2 个有长柄的宽肾形腺体；雌花花梗被毛，花柱长 0.8 mm，柱状盘状，退化雄蕊线形，第 3 轮中下部具 2 个长圆形腺体。果近球形，直径 1 cm；果梗长 1～1.5 cm，弯曲，果托直径约 3 mm。花期 3～4 月；果熟期 8～9 月。

物种分布： 分布于河南、安徽、江苏、浙江、江西等地。河南伏牛山南部、大别山和桐柏山区均产；生于杂木林中。

叶

花序、花

核果

枝、叶背面

20. 山橿

学　　名： *Lindera reflexa* Hemsl.

属　　名： 山胡椒属 *Lindera* Thunb.

保护价值： 中国特有种子植物

形态特征： 落叶灌木或小乔木。小枝绿色，幼时有绢状毛。叶纸质，圆卵形、倒卵状椭圆形，有时略为心脏形，长 6.5 ~ 15 cm，宽 4 ~ 6.5 cm，先端渐尖，基部宽楔形至钝圆楔形，正面深绿色，无毛，背面带绿苍白色，有柔毛，叶脉羽状，侧脉 6 对。伞形花序有短总梗，具 5 花，花梗长 7 ~ 9 mm；花被片黄色，宽倒卵状矩圆形或匙形，有柔毛和透明腺点。果球形，直径约 7 mm；果梗长约 1.5 cm，有柔毛。花期 3 ~ 4 月；果熟期 8 ~ 9 月。

物种分布： 分布于广东、广西、云南、贵州、四川、河南、湖北、湖南、江西、浙江、安徽等地。河南大别山、桐柏山和伏牛山南部均产；生于山坡或山沟疏林和灌丛中。

果序

核果

叶背面

枝、叶

21. 天目木姜子

学　　名：*Litsea auriculata* Chien et Cheng

属　　名：木姜子属 *Litsea* Lam.

保护价值：河南省重点保护野生植物；中国特有种子植物；易危

形态特征：落叶乔木，高达 20 m。小枝无毛。叶互生，椭圆形、圆状椭圆形、近心形或倒卵形，长 9.5 ~ 23 cm，先端钝或圆，基部耳形，正面初沿中脉被短柔毛，老时脱落无毛，背面被短柔毛，侧脉 7 ~ 8 对；叶柄长 3 ~ 8 cm，无毛。伞形花序无梗或具短梗。雄花序具 6 ~ 8 花；花被片长圆形或长圆状倒卵形；花丝无毛；退化雌蕊卵形，无毛。果卵圆形，直径 1.1 ~ 1.3 cm，黑色；果托杯状；果梗长 1.2 ~ 1.6 cm。花期 3 ~ 4 月；果期 7 ~ 8 月。

物种分布：分布于河南、湖北、安徽、浙江及江西等地。河南产于大别山、桐柏山、伏牛山区；生于海拔 500 ~ 1 100 m 的林中。

果序

核果

花期

树皮

叶

枝、叶

22. 豹皮樟

学　　名： *Litsea coreana* var. *sinensis* (C. K. Allen) Yen C. Yang & P. H. Huang

属　　名： 木姜子属 *Litsea* Lam.

保护价值： 河南省重点保护野生植物

形态特征： 常绿灌木或小乔木，高可达 6 m。树皮灰棕色，有灰黄色的块状剥落。幼枝红褐色，无毛，老枝黑褐色，无毛。顶芽卵圆形，先端钝，鳞片无毛或仅上部有毛。叶互生；叶柄长 1 ~ 2 cm，上面有柔毛；叶片革质，长椭圆形或披针形，先端急尖，基部楔形，全缘，正面绿色有光泽，背面绿灰白色，两面均无毛，羽状脉，侧脉每边 9 ~ 10 条，中脉在下面稍隆起，网纹不明显。雌雄异株；伞形花序腋生，无花梗；苞片早落。果梗长约 5 mm，颇粗壮，果初时红色，熟时呈黑色。花期 8 ~ 9 月；果期翌年 5 月。

物种分布： 分布于湖北、湖南、江苏、浙江、安徽、江西等地。河南大别山及伏牛山南部均产；生于海拔 400 ~ 800 m 的山坡沟边。

果序、核果

花序

树皮

叶背面

枝、叶

枝、叶、果实

23. 毛豹皮樟

学　　名： *Litsea coreana* Levl. var. *lanuginosa* (Migo) Yang et P. H. Huang

属　　名： 木姜子属 *Litsea* Lam.

形态特征： 常绿灌木或小乔木，与原变种不同在嫩枝密被灰黄色长柔毛，嫩叶两面均有灰黄色长柔毛，背面尤密，老叶背面仍有稀疏毛，叶柄长 1 ~ 2.2 cm，被灰黄色长柔毛。

物种分布： 分布于江西、浙江、安徽、湖南、广东、广西、河南、四川、贵州、云南等地。河南大别山及伏牛山南部均产；生于山沟杂木林中。

果序

树皮

叶

核果

叶背面

24. 木姜子

学　　名： *Litsea pungens* Hemsl.

属　　名： 木姜子属 *Litsea* Lam.

保护价值： 中国特有种子植物

形态特征： 落叶小乔木，高 3 ~ 10 m。叶互生，常簇生于枝端，纸质，长卵形至披针形，或长倒卵形至倒披针形，长 5 ~ 10 cm，宽 2.5 ~ 3.5 cm，幼叶有绢毛，后渐变无毛，羽状脉，侧脉 5 对；叶柄纤细，长约 1.3 cm。花黄色，伞形花序具 8 ~ 12 花；总梗长 5 mm；总苞片厚，外面无毛，早落，花梗长 1 ~ 1.5 cm，被绢毛；花被片倒卵形，有多数透明油点，纵脉 3 ~ 4 条；小而被毛。果黑色，球形，直径 4 mm 以上；果梗长 1 ~ 2 cm。花期 3 ~ 4 月；果熟期 8 ~ 9 月。

物种分布： 分布于陕西、湖北、湖南、浙江、四川、云南、贵州等地。河南大别山和伏牛山区均产；生于山沟溪旁或山坡疏林中。

叶背面

核果

花

花序

枝、花序

枝、叶

25. 秦岭木姜子

学　　名： *Litsea tsinlingensis* Yang et P. H. Huang

属　　名： 木姜子属 *Litsea* Lam.

保护价值： 中国特有种子植物

形态特征： 落叶小乔木或灌木。小枝无毛。叶互生，倒卵形或倒卵状椭圆形，长 7 ~ 11 cm，先端短渐尖或钝圆，基部楔形，幼时两面被白色绒毛，老时正面沿中脉被毛，背面疏被毛或沿脉被毛，侧脉 6 ~ 8 对；叶柄长约 1 cm，幼时被白色绒毛，老时近无毛。伞形花序单生枝顶，花梗长 3 ~ 4 mm，被灰色柔毛。雄花序具 10 ~ 11 花；花梗长 0.8 ~ 1.2 cm；花被片宽椭圆形，具 3 脉，被腺点；花丝无毛，第 3 轮基部腺体圆形；无退化雌蕊。果球形，直径 5 ~ 6 mm，黑色；果梗长 1.5 ~ 2 cm。花期 4 ~ 5 月；果期 7 ~ 8 月。

物种分布： 分布于陕西、河南、甘肃等地。生于海拔 1 000 ~ 2 400 m 的山坡或山沟灌丛中。

花序

叶背面

枝、叶、花序

26. 宜昌润楠

学　　名： *Machilus ichangensis* Rehd. et Wils.

属　　名： 润楠属 *Machilus* Nees

保护价值： 河南省重点保护野生植物

形态特征： 乔木，高 7 ~ 15 m。小枝细长，暗红色，无毛。叶纸质，矩圆状倒披针形或倒披针形，长 10 ~ 24 cm，宽 2 ~ 7.5 cm，正面黄绿色，背面苍白色，无毛或幼时有丝状毛；侧脉 12 ~ 17 对；叶柄长约 1.5 cm。圆锥花序，总苞早落，总梗长 3.5 ~ 5 cm，红色；花白色，花被片长 5 ~ 6 mm，外面有丝状毛；子房近球形。果球形，直径约 1.1 cm，先端有突起，宿存花被片外卷。花期 4 月；果熟期 8 ~ 9 月。

物种分布： 分布于湖南、湖北、河南、四川、福建、广东、广西、江西、浙江、安徽等地。河南大别山、桐柏山和伏牛山南部均产；生于山沟杂木林中。

果实

果序

叶背面

花序

枝、叶

27. 簇叶新木姜子

学　　名： *Neolitsea confertifolia* (Hemsl.) Merr.

属　　名： 新木姜子属 *Neolitsea* Merr.

保护价值： 中国特有种子植物

形态特征： 常绿小乔木，高达 6 m。小枝圆柱状，黄褐色，无毛。叶薄革质，轮生，矩圆形或披针形，长 5 ~ 12 cm，边缘微呈波状，正面深绿色，无毛，背面带绿苍白色，有短柔毛，具羽状脉，侧脉 5 ~ 6 对，两面隆起，网脉不明显；叶柄短。雌雄异株；伞形花序腋生或节间生，几无总花梗；苞片早落；花梗长约 2 mm；花被片 4，卵形，外面有疏柔毛，内面无毛。果实卵形，长约 1 cm，黑色；果梗长 4 ~ 8 mm，稍增粗，先端盘状，直径约 2 mm。

物种分布： 分布于广东、广西、四川、贵州、陕西、河南、湖北、湖南、江西等地。河南产于伏牛山南部；生于山沟溪旁或林缘及疏林中。

果实

枝、叶

叶背面

28. 闽楠

学　　名： *Phoebe bournei* (Hemsl.) Yang

属　　名： 楠属 *Phoebe* Nees

保护价值： 国家Ⅱ级珍贵树种；国家二级重点保护野生植物；中国特有种子植物；易危

形态特征： 常绿大乔木，高达 40 m，胸径 1 m。枝细，有纵棱脊，幼时有短柔毛，后无毛。叶革质，披针形或倒披针形，长 7 ~ 15 cm，宽 2 ~ 4 cm，先端长尖，基部楔形，正面有光泽，脉凹下，背面脉隆起，横脉很明显结成小网格状，密被弯毛；叶柄长 5 ~ 15 mm。花序长 3.5 ~ 9 cm，极不开展，最下部分枝长 2 ~ 2.5 cm。果实卵状椭圆形，黑色。花期 5 月；果熟期 9 ~ 10 月。

物种分布： 分布于河南、江西、福建、浙江南部、广东、广西北部及东北部、湖南、湖北、贵州东南及东北部。河南伏牛山、大别山区均产；生于山沟杂木林中。

叶

叶背面

核果

植株

29. 紫楠

学　　名： *Phoebe sheareri* (Hemsl.) Gamble

属　　名： 楠属 *Phoebe* Nees

保护价值： 河南省重点保护野生植物

形态特征： 常绿大灌木至乔木，高达 16 m。幼枝及幼叶密被锈色绒毛。叶革质，倒卵形至倒披针形，长 8 ~ 22 cm，宽 4 ~ 8 cm，正面叶脉凹下，背面叶脉隆起，有锈色绒毛；叶柄长 1 ~ 2 cm。聚伞圆锥花序腋生，长达 15 cm，密被锈色绒毛；花小，直径不到 5 mm，花梗与花略等长，总梗长达 6 cm；花被片相等，卵形，长约 3 mm，两面有毛。果卵形，肉质，长约 9 mm，基部围以直立宿存花被片。花期 5 ~ 6 月；果熟期 9 ~ 10 月。

物种分布： 分布于长江以南及西南各地。河南大别山和伏牛山南部均产；生于阴湿山谷杂木林中。

核果

花

花序

叶背面

枝、叶

（九）金粟兰科 Chloranthaceae

30. 宽叶金粟兰

学　　名：*Chloranthus henryi* Hemsl.

属　　名：金粟兰属 *Chloranthus* Swartz

保护价值：中国特有种子植物

形态特征：多年生草本，高 40 ~ 60 cm。叶对生，常 4 片，纸质，宽椭圆形、倒卵形至卵状椭圆形，先端尖，基部楔形，边缘有圆齿，齿尖有腺体；叶柄长不及 1 cm。穗状花序单个或分枝成圆锥花序式，顶生，连总梗长达 7 cm 以上；苞片通常宽卵状三角形，雄蕊 3，近线形，基部合生，中间的 1 枚长 3 mm，有 1 个 2 室的花药，侧生的 2 枚较短，各有 1 个 1 室的花药；子房卵形。核果卵球形，长约 3 mm。花期 5 ~ 6 月；果熟期 8 ~ 9 月。

物种分布：分布于河南、湖北、湖南、四川、浙江等地。河南伏牛山南部、大别山和桐柏山区均产；生于山谷林下阴湿处。

花序

果序

叶

叶、花序

31. 银线草

学　　名： *Chloranthus quadrifolius* Sieb.

属　　名： 金粟兰属 *Chloranthus* Swartz

形态特征： 多年生草本，高 20 ~ 40 cm，全株无毛。根茎多节，具特异气味。茎直立，单生或丛生，不分枝，下部节上对生 2 个鳞片状叶。叶对生，常 4 片聚生茎顶，呈轮生状，倒卵形或椭圆形，先端急尖，基部宽楔形，边缘具尖锐锯齿，正面深绿色，背面淡绿色，网脉明显；叶柄长 10 ~ 15 mm。花序单一，顶生，连总花梗长 2.5 ~ 4 cm；花白色无梗；苞片近正三角形或近半圆形；花丝基部合生，着生于子房外侧，药隔线形，乳白色，水平开展；外侧 2 枚雄蕊各具 1 个 1 室的花药，中央雄蕊无花药；子房卵形，柱头平截。果实倒卵圆形，绿色。花期 4 ~ 5 月；果熟期 7 月。

物种分布： 分布于东北、华北和秦岭各地。河南桐柏山、太行山和伏牛山区均产；生于山坡或山谷林下阴湿处。

花

果序

叶

花序

花期

32. 多穗金粟兰

学　　名： *Chloranthus multistachys* Pei

属　　名： 金粟兰属 *Chloranthus* Swartz

保护价值： 中国特有种子植物

形态特征： 多年生草本，高达 50 cm。根肉质，褐色，长达 20 cm，粗 2 mm；根状茎粗壮。茎单生，直立，近四棱形，光滑无毛，节膨大，下部节上各具 1 对三角形的鳞状叶。单叶对生，4 片，生茎顶，坚纸质，卵状椭圆形、长椭圆形至宽卵形，先端渐尖，基部楔形至圆形，边缘具粗锯齿，齿尖具一腺体，正面绿色，无毛，背面淡绿色，具细小鳞屑状毛，网脉显著；叶柄长达 1.5 cm。穗状花序多数（偶为 1 条），顶生或腋生，单一或稍分枝，连总花梗长 3 ~ 11 cm；花小，白色，排列稀疏。核果球形，表面有小腺点，无毛，果梗粗壮。种子白色。花期 5 ~ 7 月；果期 8 ~ 9 月。

物种分布： 分布于河南、陕西、贵州、湖北、湖南、江西、江苏、浙江、福建、广东、广西等地。河南伏牛山、大别山和桐柏山区均产；生于海拔 1 000 m 以上的山坡林下和山谷湿地。

植株

花序

果序

33. 及己

学　　名： *Chloranthus serratus* (Thunb.) Roem. et Schult.

属　　名： 金粟兰属 *Chloranthus* Swartz

形态特征： 多年生草本，高 20 ~ 40 cm。根状茎粗短，直径约 3 mm。叶对生，4 ~ 6 片，生于茎上部，纸质，通常卵形，长 5 ~ 10 cm，宽 2.5 ~ 5 cm，边缘有圆齿或锯齿，齿尖有一腺体；叶柄长 1 ~ 1.5 cm；托叶微小。穗状花序单一或 2 ~ 3 分枝，总花梗长 1 ~ 2.5 cm；苞片近半圆形，顶端有数齿；花小，两性，无花被；雄蕊 3，长圆形，下部合生成一体，乳白色。花期 5 月；果熟期 7 ~ 8 月。

物种分布： 分布于河南、江苏、安徽、福建、湖南、广东、广西等地。河南伏牛山南部、大别山和桐柏山区均产；生于山区林下阴湿处。

植株

果序

（十）马兜铃科 Aristolochiaceae

34. 汉城细辛

学　　名： *Asarum sieboldii* Miq. f. *seoulense* (Nakai) C. Y. Cheng et C. S. Yang

属　　名： 细辛属 *Asarum* L.

保护价值： 易危

形态特征： 多年生草本。根状茎横走，直径约 3 mm，根细长，直径约 1 mm。叶卵状心形或近肾形，先端急尖或钝，基部心形，两侧裂片顶端圆形，叶面在脉上有毛，有时被疏生短毛，叶背毛较密；芽苞叶近圆形。花紫棕色，稀紫绿色；花梗长 3 ~ 5 cm，花期在顶部成直角弯曲，果期直立；花被筒壶状或半球状，直径约 1 cm，喉部稍缢缩，内壁有纵行脊皱，花被裂片三角状卵形，由基部向外反折，贴靠于花被管上；雄蕊着生于子房中部，花丝常较花药稍短，药隔不伸出；子房半下位或几近上位，近球形，花柱 6，顶端 2 裂，柱头侧生。果半球状。花期 4 ~ 5 月；果期 5 ~ 6 月。

物种分布： 分布于河南、陕西、甘肃、江苏、湖北、四川、浙江及东北各地。河南产于大别山、伏牛山、太行山区；生于山坡林下、山沟土质肥沃且阴湿地上。

雄花

雌花

花

叶

根状茎、根

35. 关木通

学　　名： *Isotrema manshuriense* (Kom.) H. Huber

属　　名： 关木通属 *Isotrema* Raf.

保护价值： 近危

形态特征： 落叶缠绕木质藤本。茎长达 10 余米，直径 2 ~ 8 cm。幼枝伏生细毛；芽密生白色柔毛。叶大，卵状心形至近圆形，长 8 ~ 29 cm，宽 13 ~ 28 cm，背面密生短柔毛。花单生于叶腋；花梗长 3 ~ 4 cm；花被筒呈马蹄形弯曲，长 5 ~ 10 cm，直径达 2.5 cm，淡黄色，具紫色条纹，先端 3 深裂，盛开时近平展。蒴果圆柱状，具 6 棱，直径 3 ~ 4 cm，成熟时自顶端开裂成 6 瓣裂；种子扁三角形。花期 5 月；果熟期 8 ~ 9 月。

物种分布： 分布于东北、陕西、河南等地。河南伏牛山及桐柏山区均产；生于阴湿杂木林中。

茎、叶、花

叶

蒴果

36. 寻骨风

学　　名： *Isotrema mollissimum* (Hance) X. X. Zhu，S. Liao & J. S. Ma

属　　名： 关木通属 *Isotrema* Raf.

保护价值： 中国特有种子植物

形态特征： 多年生缠绕藤本或基部木质化。全株密生黄白色绵毛。叶互生，卵形至椭圆状卵形，先端钝圆至短尖，基部心形。花单生于叶腋，花梗长 2 ~ 4 cm，近中部具 1 枚卵形苞片；花被筒长约 5 cm，筒部弯曲，顶端 3 裂，带紫色；雄蕊 6，贴生于花柱周围；子房 6 室。蒴果圆柱形，长约 3 cm，直径约 1 cm，沿背缝线具宽翅，黑褐色，6 瓣裂。花期 5 ~ 6 月；果熟期 8 ~ 9 月。

物种分布： 分布于陕西南部、山西、山东、河南、安徽、湖北、贵州、湖南、江西、浙江和江苏等地。河南伏牛山、太行山、大别山和桐柏山区均产；生于山坡草地、沟边、路旁。

花

花侧面

植株

茎、叶

37. 马蹄香

学　　名： *Saruma henryi* Oliv.

属　　名： 马蹄香属 *Saruma* Oliv.

保护价值： 国家二级重点保护野生植物；中国特有种子植物；濒危

形态特征： 多年生草本，高 50 ~ 100 cm。茎直立，具柔毛。叶心形，膜质，长 6 ~ 14 cm，宽 6 ~ 15 cm，先端短渐尖，基部两侧耳片圆形，边缘和两面均有柔毛；下部叶柄长 4 ~ 12 cm。花萼裂片 3，半圆形，外面具毛，果时宿存并增大；花瓣 3，肾状圆形，黄色，长约 8 mm，宽 6 ~ 8 mm；雄蕊 12；心皮 6，下部贴生于花萼，上部分离。果熟时革质，沿腹缝线裂开。种子卵形，先端尖，长约 3 mm，具明显的横皱纹。花期 6 ~ 7 月；果熟期 7 ~ 8 月。

物种分布： 分布于江西、湖北、河南、陕西、甘肃、四川及贵州等地。河南伏牛山区均产；生于海拔 1 000 m 以上的山坡或山沟林下阴湿处。

叶、花

蓇果

植株

花

（十一）五味子科 Schisandraceae

38. 红茴香

学　　名： *Illicium henryi* Diels.

属　　名： 八角属 *Illicium* L.

保护价值： 中国特有种子植物

形态特征： 常绿灌木或小乔木，高 3 ~ 8 m，有时可达 12 m。小枝绿色。叶革质，矩圆状披针形、披针形或倒卵状椭圆形，长 10 ~ 16 cm，宽 2 ~ 5 cm，先端长渐尖，基部楔形，边缘稍内卷；叶柄长 7 ~ 20 mm。花单生或 2 ~ 3 朵簇生叶腋，深红色，花被片 10 ~ 14，外轮较小，有缘毛；雄蕊 8 ~ 14，1 轮；心皮通常 8，轮生。聚合蓇葖果星芒状，红褐色。花期 5 月；果熟期 9 ~ 10 月。

物种分布： 分布于陕西、河南、安徽、江苏、江西、福建、湖北、四川、云南、贵州等地。河南伏牛山、大别山及桐柏山区均产；生于山沟溪旁杂木林中。

聚合蓇葖果

叶背面

枝、叶、果实

39. 南五味子

学　　名：*Kadsura longipedunculata* Finet et Gagnep.

属　　名：南五味子属 *Kadsura* Kaempf. ex Juss.

保护价值：中国特有种子植物

形态特征：藤本。小枝褐色或紫褐色，有时剥裂。叶革质或近革质，有光泽，椭圆形或椭圆状披针形，长 5 ~ 10 cm，宽 2 ~ 5 cm，先端渐尖，基部楔形，边缘有疏锯齿；叶柄长 1.5 ~ 3 cm。花单生于叶腋，黄色，芳香；花梗细长下垂；花被片 8 ~ 17；雄花雄蕊 30 ~ 70；雌花心皮 40 ~ 60。浆果深红色至暗蓝色，卵形，聚合成近球形聚合果，直径 2.5 ~ 3.5 cm。花期 5 ~ 6 月；果熟期 9 ~ 10 月。

物种分布：分布于江苏、安徽、浙江、江西、福建、湖北、湖南、广东、广西、四川、云南等地。河南伏牛山南部、大别山和桐柏山区均产；生于山坡或山沟杂木林中。

枝、叶

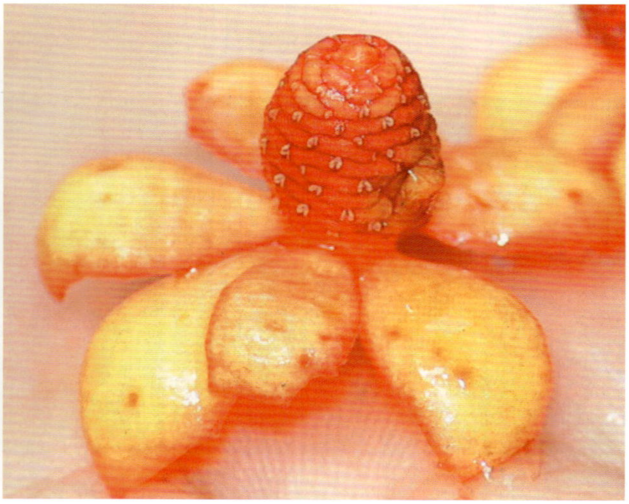

花

枝、叶、花

40. 狭叶五味子

学　　名： *Schisandra lancifolia* (Rehd. et Wils.) A. C. Sm.

属　　名： 五味子属 *Schisandra* Michx.

保护价值： 中国特有种子植物

形态特征： 落叶藤本，长达 2 m。小枝棕褐色。叶革质或厚纸质，狭叶披针形或狭长卵形，长 4 ~ 12 cm，宽 1 ~ 3 cm，先端渐尖，基部圆形或宽楔形，边缘有疏齿，侧脉不明显；叶柄长约 8 mm。花小，黄绿色；雄花被片 6 ~ 9，雄蕊 6 ~ 9；雌花被片 8 ~ 11，雌花多数，在花期球形，花托在果期伸长，长 3 ~ 7 cm。浆果近球形，直径 5 ~ 7 mm，成熟时红色。花期 5 ~ 6 月；果熟期 7 ~ 10 月。

物种分布： 分布于河南、陕西、甘肃、湖北、四川、云南等地。河南伏牛山区均产；生于山坡或山沟林中。

花

枝、叶

聚合浆果

枝、叶背面、果序

41. 华中五味子

学　　名： *Schisandra sphenanthera* Rehd. et Wils.

属　　名： 五味子属 *Schisandra* Michx.

保护价值： 中国特有种子植物

形态特征： 落叶藤本。全株无毛，很少在叶背脉上有稀疏细柔毛。冬芽、芽鳞具长缘毛，先端无硬尖，枝细长，红褐色，有皮孔。叶椭圆形、倒卵形或卵状披针形，先端渐尖或短急尖，基部楔形或圆形，正面深绿色，背面淡灰绿色，有白色点，边缘有疏齿；叶柄红色。花单生或 2 朵生于叶腋，橙黄色；花被片 5 ~ 9，2 ~ 3 轮；雄蕊 10 ~ 15；雌花心皮 30 ~ 50，花托伸长；花梗细。聚合果梗长 3 ~ 10 cm，成熟小浆果红色，具短梗。花期 5 月；果熟期 8 ~ 9 月。

物种分布： 分布于山西、陕西、河南、甘肃及中南、西南各地。河南产于各山区；生于山沟或山坡湿润的杂木林中。

雌花

浆果

雄花

聚合浆果

枝、叶、花

（十二）毛茛科 Ranunculaceae

42. 阿尔泰银莲花

学　　名： *Anemone altaica* Fisch.

属　　名： 银莲花属 *Anemone* L.

形态特征： 多年生草本。根状茎圆柱形，直径 2～4 mm，节间长 3～5 mm。基生叶无或 1，三出复叶；叶片长 2～4 cm，中央小叶 3 全裂，裂片深裂并具缺刻状牙齿；叶柄长 4～9 cm。花莛高 11～20 cm，无毛；总苞片 3，具柄，叶状，长 2.4～2.8 cm，3 全裂，中央裂片狭菱形，中部 3 浅裂。花单朵，顶生；萼片 8～10，白色，狭倒卵形或矩圆形，长 1.5～2 cm，无毛；无花瓣；雄蕊多数，花丝丝状；心皮约 20，子房有短柔毛，具 1 胚珠。花期 3～5 月；果期 4～6 月。

物种分布： 分布于四川、陕西、河南、山西、山东、河北和辽宁等地。河南产于伏牛山、太行山区；生于海拔 1 000 m 以上的山坡林下阴湿处。

花侧面

聚合果

植株

根状茎、根

43. 鹅掌草

学　　名：*Anemone flaccida* Fr. Schmidt

属　　名：银莲花属　*Anemone* L.

形态特征：多年生草本。根状茎圆柱形，节密集。基生叶 1 ~ 2，五角形，3 全裂，中间裂片菱状倒卵形，3 浅裂，疏生牙齿，侧生裂片不等地 2 ~ 3 裂，表面疏生短伏毛，背面无毛或几无毛；叶柄长 10 ~ 28 cm，无毛或近无毛。花莛高 15 ~ 40 cm，上部疏生短柔毛；总苞片 3，无柄，不等大，宽菱形或菱形，3 裂，聚伞花序有花 2 ~ 3；花梗疏生柔毛；萼片 5，白色，倒卵形或椭圆形，背面疏生柔毛；雄蕊多数；心皮约 8，子房密生短柔毛，无花柱。瘦果近卵形。花期 4 月；果熟期 5 ~ 6 月。

物种分布：分布于我国华东和西南各地。河南伏牛山南部和大别山、桐柏山区均产；生于山坡林下或山谷溪旁。

植株

花

叶

44. 大火草

学　　名： *Anemone tomentosa* (Maxim.) Pei

属　　名： 银莲花属 *Anemone* L.

保护价值： 中国特有种子植物

形态特征： 多年生草本。基生叶 3 ~ 4，为三出复叶，间或 1 ~ 2 个为单叶；小叶卵形或宽卵形，3 裂，边缘有粗锯齿或小牙齿，正面有短伏毛，背面密生白色绒毛；叶柄有白色绒毛。花莛高 40 ~ 120 cm，密生短绒毛，总苞片 3，叶状；聚伞花序长 26 ~ 38 cm，二至三回分枝；花梗密生绒毛，萼片 5，白色或粉红色，倒卵形，背面具短绒毛；子房具绒毛。聚合果球形，密生绒毛。花期 7 ~ 9 月；果熟期 8 ~ 10 月。

物种分布： 分布于四川西部和东北部、青海东部、甘肃、陕西、湖北西部、河南、山西、河北西部。河南太行山及伏牛山区均产；生于山坡草地、灌丛或山谷溪旁。

花序

果熟期

花

叶背面

叶

花期

45. 华北耧斗菜

学　　名： *Aquilegia yabeana* Kitag.

属　　名： 耧斗菜属 *Aquilegia* L.

保护价值： 中国特有种子植物

形态特征： 多年生草本。根圆柱形，粗约 1.5 cm。茎高 40 ~ 60 cm，有稀疏短柔毛和少数腺毛，上部分枝。基生叶数个，有长柄，为一或二回三出复叶；小叶菱状倒卵形或宽菱形，3 裂，边缘有圆齿，正面无毛，背面疏被短柔毛。茎中部叶有稍长柄，通常为二回三出复叶；上部叶小，有短柄，为一回三出复叶。花序有少数花，密被短腺毛；花下垂；萼片紫色，狭卵形；花瓣紫色，顶端圆截形，距长 1.7 ~ 2 cm，末端钩状内曲，外面有稀疏短柔毛；心皮 5，子房密被短腺毛。蓇葖长 1.5 ~ 2 cm，隆起的脉网明显；花期 5 ~ 6 月；果期 6 ~ 7 月。

物种分布： 分布于四川东北部、陕西南部、河南西部、山西、山东、河北和辽宁西部等地。河南太行山和伏牛山区均产；生于山地草坡或林边。

叶

聚合蓇葖果

花序

植株

花侧面

花、雌雄蕊

46. 大花威灵仙

学　　名： *Clematis courtoisii* Hand.–Mazz.

属　　名： 铁线莲属 *Clematis* L.

保护价值： 中国特有种子植物

形态特征： 木质攀缘藤本。茎疏被柔毛，具纵沟，节膨大。一至二回三出复叶或一回羽状复叶；小叶纸质，长椭圆形、窄卵形或卵形，先端渐尖或尖，基部宽楔形、圆或平截，全缘，两面脉疏被柔毛，背面网脉稍隆起；叶柄长 3 ~ 7 cm。花序腋生，单花，花序梗长 2.5 ~ 7 cm；苞片卵形或宽卵形；花直径 5 ~ 9.5 cm；花梗长 12 ~ 18 cm；萼片 6，白色或带紫色，长椭圆形或椭圆形，沿中脉疏被柔毛，沿侧脉被绒毛；雄蕊无毛，花药线形，顶端具极小尖头。瘦果倒卵圆形，疏被柔毛；宿存花柱长 1.2 ~ 3 cm，羽毛状。花期 5 ~ 6 月；果期 6 ~ 8 月。

物种分布： 分布于湖北、河南南部、安徽、江苏南部及浙江。河南产于伏牛山、大别山和桐柏山区；生于山坡、溪边或林中。

花

花侧面

花柱、柱头

茎、叶

47. 川陕翠雀花

学　　名：*Delphinium henryi* Franch.

属　　名：翠雀属 *Delphinium* L.

保护价值：中国特有种子植物

形态特征：茎高达 40 ~ 70 cm，与叶柄及花梗均密被反曲柔毛。基生叶叶柄较长，开花时常枯萎。茎生叶具短柄或近无柄；叶五角形，3 全裂，裂片一至二回稍细裂，小裂片窄卵形或线状披针形，两面疏被柔毛；叶柄长达 6 cm。伞房花序具 2 ~ 4 花。小苞片与花靠接，椭圆形或披针形，宽 3 ~ 3.5 mm；萼片宿存，蓝紫色，卵形或椭圆状卵形，被柔毛，距钻形，长 1.5 ~ 2.2 cm；花瓣无毛；退化雄蕊的瓣片褐色，具黑色斑点，2 裂近中部，腹面中央被黄色髯毛，雄蕊无毛；心皮 3。种子倒圆锥状四面体形，沿棱具极窄翅。花期 8 ~ 9 月。

物种分布：分布于四川东北部、湖北西部、陕西南部及河南西南部。河南产于伏牛山区；生于山地草坡。

叶

花序

48. 河南翠雀花

学　　名： *Delphinium honanense* W. T. Wang

属　　名： 翠雀属 *Delphinium* L.

保护价值： 河南省重点保护野生植物；中国特有种子植物

形态特征： 多年生草本。茎高 48 ~ 58 cm，无毛，不分枝。基生叶在开花时枯萎。茎下部及中部叶有较长柄；叶片五角形，3 深裂至距基部约 8 mm 处，中央深裂片菱形，先端急尖或短渐尖；叶柄有少数开展的糙毛。总状花序约有 10 花；下部苞片 3 裂，其他苞片披针状线形至线形；轴和花梗被反曲的短柔毛和开展的黄色短腺毛；花梗斜上展；小苞片生于花梗中部或下部，线形；花近平展；萼片紫色，椭圆状卵形，外面疏被短柔毛，距钻形，稍向下弯曲；花瓣干时黄色，无毛；退化雄蕊紫色，瓣片近方形，2 深裂，腹面有黄色髯毛，爪与瓣片近等长；雄蕊无毛；心皮 3，无毛。花期 4 ~ 5 月；果期 6 ~ 8 月。

物种分布： 分布于河南西南部、陕西南部及湖北西部。河南产于伏牛山区；生于山坡、山谷林下阴湿处。

叶

植株　　花序　　聚合蓇葖果

49. 全裂翠雀花

学　　名： *Delphinium trisectum* W. T. Wang

属　　名： 翠雀属 *Delphinium* L.

保护价值： 中国特有种子植物

形态特征： 茎高达 50 cm，被反曲柔毛。最下部叶在开花时枯萎，其他下部叶具长柄，叶圆肾形，3 全裂；中裂片菱形，3 深裂，二回裂片再深裂；侧裂片斜扇形，宽为中裂片 2 倍，两面疏被糙毛；叶柄长达 17 cm。总状花序具 10 ~ 14 花；序轴及花梗密被反曲柔毛。小苞片生于花梗上部或与花靠接，线形或钻形；萼片蓝紫色，椭圆形或椭圆状倒卵形，距稍长于萼片，圆筒状钻形；花瓣黑褐色，无毛；退化雄蕊黑褐色，瓣片 2 浅裂，上部边缘具长柔毛，腹面中央被淡黄色髯毛；雄蕊无毛；心皮 3，子房被柔毛。花期 4 ~ 5 月；果期 6 ~ 8 月。

物种分布： 分布于河南、湖北北部及安徽西部。河南桐柏山、太行山和伏牛山区均产；生于山谷、山坡林下。

聚合蓇葖果

叶

花

花序

植株

50. 纵肋人字果

学　　名： *Dichocarpum fargesii* (Franch.) W. T. Wang et Hsiao

属　　名： 人字果属 *Dichocarpum* W. T. Wang et Hsiao

保护价值： 中国特有种子植物

形态特征： 多年生草本。植株无毛。茎高达 35 cm，中部以上分枝。根茎极短，直根长。叶基生及茎生，基生叶少数，具长柄，一回三出复叶；叶草质，卵圆形；顶生小叶肾形或扇形，先端具 5 浅牙齿，叶脉明显，侧生小叶斜卵形，上侧小叶斜倒卵形，下侧小叶卵圆形；叶柄长 3 ~ 8 cm，基部具鞘；茎生叶似基生叶，渐小，对生。花直径 6 ~ 7.5 mm；花瓣长约为萼片之半，瓣片近圆形，中部连成漏斗状；雄蕊 10。蓇葖线形，长约 1.3 cm，顶端尖，喙极短。种子椭圆状球形，具纵肋。花期 5 ~ 6 月；果期 7 月。

物种分布： 分布于河南、陕西、甘肃、湖北西部、四川东北部。河南伏牛山南部均产；生于山谷林下阴湿处。

花

蓇葖果

叶背面

枝、叶、花

51. 河南唐松草

学　　名： *Thalictrum honanense* W. T. Wang et S. H. Wang

属　　名： 唐松草属 *Thalictrum* L.

保护价值： 中国特有种子植物；近危

形态特征： 多年生草本。高 30 ~ 100 cm。茎无毛。二至三回三出复叶；小叶宽卵形、近圆形或肾形，长 3 ~ 4 cm，上部具浅圆齿或不明显的 3 浅裂，基部心形，无毛，背面稍有白粉；茎顶端叶为 3 小叶，柄短或无柄。狭圆锥花序，无毛；萼片 4，淡紫红色，狭椭圆形，长 3 ~ 4 mm；雄蕊多数，花丝丝状；心皮 2 ~ 3，子房具短柄。瘦果狭卵形，先端具短喙。花期 6 ~ 8 月；果熟期 8 ~ 9 月。

物种分布： 分布于河南。河南伏牛山和桐柏山区均产；生于山谷溪旁或疏林中。

花序

植株

叶

52. 大叶唐松草

学　　名： *Thalictrum faberi* Ulbr.

属　　名： 唐松草属 *Thalictrum* L.

保护价值： 中国特有种子植物

形态特征： 多年生草本植物。植株全部无毛。根状茎短，下部密生细长的须根。茎高 35 ~ 110 cm，上部分枝。基生叶在开花时枯萎。茎下部叶为二至三回三出复叶；叶片长达 30 cm；小叶大，坚纸质，顶生小叶宽卵形，有时近菱形，顶端急尖或微钝，基部圆形、浅心形或截形，3 浅裂，边缘每侧有 5 ~ 10 个不等粗齿，正面叶脉近平，背面叶脉隆起，脉网明显；叶柄基部有鞘，托叶狭，全缘。花序圆锥状，长 20 ~ 40 cm；花梗细；萼片白色，宽椭圆形，早落；花柱与子房等长，稍拳卷，沿腹面生柱头组织。瘦果狭卵形，约有 10 条细纵肋，宿存花柱长约 1 mm，拳卷。花期 7 ~ 8 月；果期 9 ~ 10 月。

物种分布： 分布于河南、湖南、江西、浙江、江苏、安徽等地。河南产于伏牛山、大别山区；生于山坡和山沟杂林下。

花序

瘦果

雌、雄蕊

叶、花序

53. 西南唐松草

学　　名：*Thalictrum fargesii* Franch. ex Finet et Gagnep.

属　　名：唐松草属 *Thalictrum* L.

保护价值：中国特有种子植物

形态特征：多年生草本植物。植株通常全部无毛，偶尔在茎上有少数短毛。茎高达 50 cm，纤细，分枝。基生叶在开花时枯萎。茎中部叶有稍长柄，为三至四回三出复叶；叶片长 8 ~ 14 cm；小叶草质或纸质，顶生小叶菱状倒卵形、宽倒卵形或近圆形，顶端钝，基部宽楔形、圆形，有时浅心形，在上部 3 浅裂，裂片全缘或有 1 ~ 3 个圆齿，脉在背面隆起，脉网明显；叶柄长 3.5 ~ 5 cm；托叶小，膜质。简单的单歧聚伞花序生于分枝顶端；花梗长 1 ~ 3.5 cm；萼片 4，白色或带淡紫色，椭圆形；雄蕊多数，心皮 2 ~ 5。瘦果纺锤形，基部有极短的心皮柄，宿存花柱长 0.8 ~ 2 mm。花期 5 ~ 6 月；果期 6 ~ 8 月。

物种分布：分布于河南、陕西、甘肃、四川等地。河南桐柏山和伏牛山区均产；生于山谷水边、山坡草地及林下。

聚合瘦果

叶

植株

54. 长喙唐松草

学　　名： *Thalictrum macrorhynchum* Franch.

属　　名： 唐松草属 *Thalictrum* L.

保护价值： 中国特有种子植物

形态特征： 多年生草本植物。高达 1.5 m。根簇状，肉质。茎直立，无毛，具纵条纹。三回三出羽状复叶，茎上部为二回羽状三出复叶；叶柄粗短，基部具膜质托叶，小叶柄稍纤细，具小托叶；小叶片椭圆形或卵形，全缘，基部圆形或稍楔形，先端 3 浅裂，有时中央裂片再 3 裂，小裂片与侧裂片钝圆，聚伞花序，花白色，萼片 4；雄蕊多数，长约 6 mm，花丝由中部以上扩大，长约为花药的 5 倍；心皮通常 6 ~ 14。瘦果纺锤形，具 9 ~ 11 条肋纹，先端具细长而向外侧卷曲的喙。花期 5 ~ 6 月；果熟期 7 ~ 8 月。

物种分布： 分布于四川东北部、湖北、甘肃和陕西南部、山西、河北、河南等地。河南太行山和伏牛山区均产；生于山谷、山坡及林下。

花

花序

聚合瘦果

茎、叶

植株

55. 长柄唐松草

学　　名： *Thalictrum przewalskii* Maxim.

属　　名： 唐松草属 *Thalictrum* L.

保护价值： 中国特有种子植物

形态特征： 多年生草本植物。茎高 50 ~ 120 cm，无毛，通常分枝，约有 9 叶。基生叶和近基部的茎生叶在开花时枯萎。茎下部叶长达 25 cm，为四回三出复叶；叶片长达 28 cm；小叶薄草质，顶生小叶卵形、菱状椭圆形、倒卵形或近圆形，3 裂常达中部，有粗齿，背面脉稍隆起，有短毛；叶柄基部具鞘；托叶膜质，半圆形，边缘不规则开裂。圆锥花序多分枝，无毛；萼片白色或稍带黄绿色，狭卵形，3 出脉，早落；雄蕊多数，花药长圆形，比花丝宽，花丝白色，上部线状倒披针形，下部丝状。瘦果扁，斜倒卵形，有 4 条纵肋，宿存花柱长约 1 mm。花期 6 ~ 7 月；果熟期 8 ~ 9 月。

物种分布： 分布于河北、山西、陕西、甘肃、青海、四川、河南等地。河南太行山和伏牛山区均产；生于山谷溪旁或疏林中。

瘦果

叶

果序

56. 粗壮唐松草

学　　名：_Thalictrum robustum_ Maxim. H

属　　名：唐松草属 _Thalictrum_ L.

保护价值：中国特有种子植物

形态特征：多年生草本植物。茎高 50 ~ 150 cm，有疏短柔毛或无毛，分枝。茎中部叶为二至三回三出复叶；小叶纸质或草质，顶生小叶卵形，短渐尖，基部浅心形或圆形，3 浅裂，有牙齿，背面脉隆起，网脉明显，稍密被短柔毛。圆锥状花序有多数花；花梗长 1.5 ~ 3 mm，有短柔毛；萼片 4，椭圆形；花药狭矩圆形，花丝比花药稍窄，条状倒披针形，下部丝状。瘦果无柄，矩圆形，有 7 ~ 8 条纵肋，花柱宿存。花期 6 ~ 7 月；果熟期 7 ~ 8 月。

物种分布：分布于陕西、甘肃、江西、湖北、四川、河南等地。河南产于伏牛山区；生于山坡灌丛和山谷溪旁及杂木林中。

瘦果

花

花序

叶

（十三）小檗科 Berberidaceae

57. 豪猪刺

学　　名： *Berberis julianae* Schneid.

属　　名： 小檗属 *Berberis* L.

保护价值： 中国特有种子植物

形态特征： 常绿灌木，高 2 m 左右。枝有棱，黄色，微有黑色疣状突起；刺三分叉，长 2 ~ 3.5 cm，有槽，坚硬，黄色。叶革质，坚厚，椭圆形、披针形或倒披针形，长 3 ~ 8 cm，宽 1 ~ 2.5 cm，边缘有 10 ~ 20 刺状锯齿，刺长 1 ~ 1.5 mm，齿距 1.5 ~ 6 mm；叶柄长 1 ~ 4 mm。花 15 ~ 30，簇生；花梗长 8 ~ 15 mm；小苞片 3，卵形或披针形；萼片 6，花瓣状，排成 2 轮；花瓣长椭圆形，顶端微凹；胚珠单生。浆果矩圆形，长 7 ~ 8 mm，直径 3 ~ 4 mm，蓝黑色，有白粉，有宿存花柱。

物种分布： 分布于河南西南部、湖北、贵州和四川等地。河南产于伏牛山区；生于海拔 1 000 m 以上的山地。

枝、叶

刺

叶、果实

58. 秦岭小檗

学　　名：*Berberis circumserrata* (Schneid.) Schneid.

属　　名：小檗属 *Berberis* L.

保护价值：中国特有种子植物

形态特征：落叶灌木，高达 1 m。老枝黄色或黄褐色，具稀疏黑色疣点，具条棱，节间长 1.5 ~ 4 cm；茎刺三分叉，长 1.5 ~ 3 cm。叶薄纸质，倒卵状长圆形或倒卵形，偶有近圆形，先端圆形，基部渐狭，具短柄，边缘密生 15 ~ 40 整齐刺齿；正面暗绿色，背面灰白色，被白粉，两面网脉明显突起。花黄色，2 ~ 5 朵簇生；花梗长 1.5 ~ 3 cm，无毛；萼片 2 轮，外萼片长圆状椭圆形，内萼片倒卵状长圆形；花瓣倒卵形，先端全缘，基部略呈爪状，具 2 枚分离腺体。浆果椭圆形或长圆形，红色，具宿存花柱，不被白粉。花期 5 月；果期 7 ~ 9 月。

物种分布：分布于湖北、陕西、河南、甘肃、青海。河南产于伏牛山区；生于山坡灌丛中或林缘。

花

果实

刺

叶背面

叶、花

59. 首阳小檗

学　　名： *Berberis dielsiana* Fedde

属　　名： 小檗属 *Berberis* L.

保护价值： 中国特有种子植物

形态特征： 落叶灌木，高 1 ~ 3 m。老枝灰褐色，具棱槽，疏生疣点，幼枝紫红色；茎刺单一，圆柱形，幼枝刺长达 2.5 cm；叶薄纸质，椭圆形或椭圆状披针形，先端渐尖或急尖，基部渐狭，正面暗绿色，中脉扁平，侧脉不显，背面初时灰色，微被白粉，后呈绿色，中脉微隆起，侧脉微显，两面无网脉，无毛，叶缘平展，每边具 8 ~ 20 刺齿，幼枝叶全缘。总状花序具 6 ~ 20 花；花黄色；小苞片披针形，红色；萼片 2 轮；花瓣椭圆形，先端缺裂。浆果长圆形，红色，顶端不具宿存花柱，不被白粉。花期 4 ~ 5 月；果期 8 ~ 9 月。

物种分布： 分布于陕西、河南、河北、甘肃、山西、山东、湖北等地。河南伏牛山区均产；生于山坡、山谷灌丛中、山沟溪旁或林中。

花序

浆果

叶

枝、刺、叶背面

60. 短柄小檗　毛叶小檗

学　　名： *Berberis salicaria* Fedde

属　　名： 小檗属 *Berberis* L.

保护价值： 中国特有种子植物

形态特征： 落叶灌木，高 1 ~ 2.5 m。老枝黄灰色，具条棱，疏被柔毛，幼枝淡黄色，无毛，亦无疣点；茎刺三分叉，稀单一，与枝同色。叶纸质，披针形，先端急尖或近渐尖，基部渐狭，正面暗绿色，无毛，中脉扁平，侧脉和网脉明显，背面亮淡绿色，被短柔毛，中脉隆起，侧脉和网脉隆起，叶缘平展，每边具 15 ~ 40 刺齿；叶柄长 1 ~ 3 cm。穗状总状花序长 7 ~ 17 cm，由 25 ~ 50 花组成，花序轴有时带红色，具总梗；花黄色；萼片 3 轮，外萼片长圆状卵形，中萼片长圆状椭圆形，内萼片倒卵形；花瓣长圆状倒卵形，先端缺裂，基部缢缩呈爪状，具 2 枚分离腺体。浆果红色，倒卵状椭圆形，微被白粉，顶端无宿存花柱。花期 4 ~ 6 月；果期 8 ~ 9 月。

物种分布： 分布于河南、湖北、陕西、甘肃。河南产于伏牛山区；生于山坡疏林中、林下或林缘。

刺

果实

叶背面

花序

61. 淫羊藿　短角淫羊藿

学　　名： *Epimedium brevicornu* Maxim.

属　　名： 淫羊藿属 *Epimedium* L.

保护价值： 中国特有种子植物；近危

形态特征： 多年生草本，植株高 20 ~ 60 cm。根状茎粗短，木质化，暗棕褐色。二回三出复叶基生和茎生，具 9 小叶；基生叶 1 ~ 3 枚丛生，具长柄，茎生叶 2 枚，对生；小叶纸质或厚纸质，卵形或阔卵形，先端急尖或短渐尖，基部深心形，顶生小叶基部裂片圆形，近等大，侧生小叶基部裂片稍偏斜，急尖或圆形，正面常有光泽，网脉显著，背面苍白色；花茎具 2 枚对生叶，圆锥花序具 20 ~ 50 花，序轴及花梗被腺毛；花白色或淡黄色；萼片 2 轮，外萼片暗绿色，内萼片白色或淡黄色；花瓣远较内萼片短，距呈圆锥状，瓣片很小。蒴果宿存花柱喙状。花期 5 ~ 6 月；果期 6 ~ 8 月。

物种分布： 分布于陕西、甘肃、山西、河南、青海、湖北、四川等地。河南产于桐柏山、太行山和伏牛山区；生于林下、沟边灌丛中或山坡阴湿处。

花

叶背面

叶

植株

62. 湖南淫羊藿

学　　名： *Epimedium hunanense*（Hand.-Mazz.）Hand.-Mazz.

属　　名： 淫羊藿属 *Epimedium* Linn.

保护价值： 中国特有种子植物；易危

形态特征： 多年生草本，植株高约 40 cm。根状茎短而横走。一回三出复叶基生和茎生，基生叶几与花茎等长，具小叶 3；小叶革质，顶生小叶长圆形，先端急尖，基部心形，两侧裂片对称，侧生小叶狭卵形，先端长渐尖，基部深心形，两侧裂片显著偏斜，正面深绿色，无毛，背面苍白色，或被白粉，具乳突，被稀疏短柔毛或几乎光滑无毛，叶缘具细密刺齿，花茎具 2 枚对生复叶。圆锥花序具 10 ~ 16 花，几光滑无毛，无总梗；花梗疏被腺毛；花黄色；萼片 2 轮，外萼片长圆状椭圆形，先端钝圆，内萼片阔椭圆形，先端钝圆；花瓣远较内萼片长，距圆柱状，距基部瓣片呈杯状。蒴果长椭圆形，宿存花柱喙状。花期 3 ~ 4 月；果期 4 ~ 6 月。

物种分布： 分布于河南、湖南、湖北、广西等地。河南产于伏牛山、桐柏山及大别山区；生于林下。

花序

花

叶背面

叶

63. 阔叶十大功劳

学　　名： *Mahonia bealei* (Fort.) Carr.

属　　名： 十大功劳属 *Mahonia* Nuttall

保护价值： 中国特有种子植物

形态特征： 常绿灌木，高达 4 m。全株无毛。奇数羽状复叶，长 25 ~ 40 cm，有叶柄；小叶 3 ~ 15，厚革质，侧生小叶无柄，卵形，顶生小叶较大，有柄，先端渐尖，基部宽楔形或近圆形，每边有 2 ~ 8 刺锯齿，边缘反卷，正面蓝绿色，背面黄绿色。总状花序直立，6 ~ 9 个簇生；花褐黄色；萼片 3 轮，花瓣状；花瓣 6，较内轮萼片小。浆果卵形，有白粉，长约 10 mm，直径 6 mm，暗蓝色。花期 9 月至翌年 1 月；果期 3 ~ 5 月。

物种分布： 分布于河南、陕西、甘肃、安徽、湖北、湖南、四川、江西、浙江、福建、贵州、广东等地。河南伏牛山南部、大别山和桐柏山区均产；生于山坡灌丛中。

枝、叶

果期

叶

植株

浆果

（十四）木通科 Lardizabalaceae

64. 鹰爪枫

学　　名： *Holboellia coriacea* Diels

属　　名： 八月瓜属 *Holboellia* Diels

保护价值： 中国特有种子植物

形态特征： 常绿木质藤本，高 3 ~ 5 m。幼枝细，紫色。小叶 3，矩圆状倒卵形或卵圆形，厚革质，长 5 ~ 15 cm，宽 2 ~ 6 cm，先端渐尖，基部楔形或近圆形，正面深绿色，有光泽，背面浅黄绿色，全缘，无毛。雄花白色，萼片 6，长椭圆形，先端钝，雄蕊 6；雌花紫色。果矩圆形，肉质，紫色，长 4 ~ 6 cm 或更长；种子多数，黑色，近圆形，扁。花期 4 ~ 5 月；果熟期 8 ~ 9 月。

物种分布： 分布于河南、陕西、安徽、湖北、江苏、江西、湖南、四川、贵州等地。河南伏牛山南部、大别山和桐柏山区均产；生于山坡及山谷杂木林中。

浆果

花

浆果、种子

茎、叶

（十五）清风藤科 Sabiaceae

65. 暖木

学　　名： *Meliosma veitchiorum* Hemsl.

属　　名： 泡花树属 *Meliosma* Blume

保护价值： 河南省重点保护野生植物；中国特有种子植物

形态特征： 落叶乔木，高达 15 m。树皮灰色，呈不规则的薄片状脱落；幼嫩部分多少被褐色长柔毛，小枝粗壮，具粗大近圆形的叶痕。单数羽状复叶，连柄长 60 ~ 90 cm，叶柄、总轴和小叶柄有柔毛，后变无毛；小叶 7 ~ 11，下部的椭圆形或近圆形，宽 6 ~ 7 cm；上部的卵状长椭圆形，长达 20 cm，全缘或有粗锯齿，侧脉 6 ~ 12 对，背面隆起。圆锥花序直立，狭尖锥形，长 40 ~ 45 cm 或过之，分枝粗壮，密生木栓质的大皮孔；花白色，极多数，直径约 3 mm；花柄长约 3 mm，具节；萼片 5，长椭圆形，钝头；花瓣倒心形。核果球形，熟时黑色。花期 5 月；果期 8 ~ 9 月。

物种分布： 分布于云南北部、贵州东北部、四川、陕西南部、河南、湖北、湖南、安徽南部、浙江北部等地。河南产于伏牛山、大别山区；生于山谷杂木林中。

花序

枝、叶背面

果序

叶

核果

树皮

植株

66. 珂楠树

学　　名：*Kingsboroughia alba* (Schltdl.) Liebm.

属　　名：珂楠树属 *Kingsboroughia* Liebm.

保护价值：河南省重点保护野生植物

形态特征：落叶乔木，高达 25 m。幼枝被锈色茸毛，后光滑。芽裸露密被锈色茸毛。奇数羽状复叶；小叶 5 ~ 13，对生或近对生，卵形或椭圆状披针形；先端渐尖，基部宽楔形，稀圆形，边缘具稀疏的细缺刻状锯齿，正面深绿色，近无毛，背面浅绿色，疏生柔毛，脉腋生有黄色髯毛，侧脉 8 ~ 10 对。花白色，呈圆锥花序，腋生于枝的上部，密生锈色长柔毛；萼片 4，卵形，有缘毛；花瓣 5，外面 3 个为宽肾形，里面 2 个较小。果实球形，黑色。花期 5 ~ 6 月；果熟期 8 ~ 9 月。

物种分布：分布于河南、湖北、四川等地。河南伏牛山、桐柏山和大别山区均产；生于山谷疏林中。

花序

果序、核果

枝、叶背面

叶

（十六）罂粟科 Papaveraceae

67. 小药八旦子

学　　名： *Corydalis caudata* (Lam.) Pers.

属　　名： 紫堇属 *Corydalis* DC.

保护价值： 中国特有种子植物

形态特征： 瘦弱多年生草本，高 15 ~ 20 cm。块茎圆球形或长圆形，长 8 ~ 20 mm，宽 8 ~ 12 mm。茎基以上具 1 ~ 2 枚鳞片，鳞片上部具叶，枝条多发自叶腋，少数发自鳞片腋内。叶一至三回三出，具细长的叶柄和小叶柄；叶柄基部常具叶鞘；小叶圆形至椭圆形，有时浅裂，下部苍白色。总状花序具 3 ~ 8 花，疏离。花梗明显长于苞片。萼片小，早落。花蓝色或紫蓝色。距圆筒形，弧形上弯；蜜腺体约贯穿距长的 3/4，顶端钝。蒴果卵圆形至椭圆形，长 8 ~ 15 mm。种子光滑，直径约 2 mm，具狭长的种阜。花期 4 ~ 5 月；果熟期 5 月。

物种分布： 分布于北京、河北、山西、山东、江苏、安徽、湖北、陕西和甘肃东部等地。河南伏牛山、太行山、桐柏山及大别山区均产；生于山坡、草地、灌丛等潮湿地。

花

枝、叶

蒴果

花序

球茎

68. 延胡索

学　　名：*Corydalis yanhusuo* W. T. Wang

属　　名：紫堇属 *Corydalis* DC.

保护价值：中国特有种子植物；易危

形态特征：多年生草本，高达 30 cm。块茎球形。茎直立，常分枝，基部以上具 1 或 2 枚鳞片，茎生叶 3～4，鳞片及下部茎生叶常具腋生块茎。叶二回三出或近三回三出，小叶 3 裂或 3 深裂，裂片披针形，全缘，下部叶具长柄及小叶柄。总状花序具 5～15 花。花梗长约 1 cm；花冠紫红色，外花瓣宽，具齿，先端微凹，具短尖，上花瓣片与距常上弯，距圆筒形，下花瓣具短爪，爪长于瓣片；柱头近圆形，具 8 个乳突。蒴果线形，种子 1 列。

物种分布：分布于湖北、安徽、江苏及浙江等地。河南产于桐柏山、太行山及伏牛山区；生于丘陵草地。

叶

花

花序

球茎

（十七）连香树科 Cercidiphyllaceae

69. 连香树

学　　名： *Cercidiphyllum japonicum* Sieb. et Zucc.

属　　名： 连香树属 *Cercidiphyllum* Siebold & Zucc.

保护价值： 国家Ⅱ级珍贵树种；国家二级重点保护野生植物

形态特征： 落叶乔木，高达 40 m。树皮灰色或棕灰色。小枝无毛。叶纸质，宽卵形或近圆形，长 4 ~ 7 cm，宽 3.5 ~ 6 cm，先端急尖，基部心形，边缘具腺钝锯齿，掌状 5 ~ 7 出脉，背面粉白色，脉上略有毛。花先叶开放，雄花 4 朵簇生，近无梗；雌花 2 ~ 6 朵簇生，有总梗。蓇葖果 2 ~ 4，长 10 ~ 18 mm，直径 2 ~ 3 mm，褐色或黑色，微弯曲；种子卵形，褐色，顶端有透明翅。花期 4 月；果熟期 9 ~ 10 月。

物种分布： 分布于山西西南部、河南、陕西、甘肃、安徽、浙江、江西、湖北及四川等地。河南产于伏牛山、太行山区；生于山谷杂木林中。

枝、叶

叶背面、果实

蓇葖果

（十八）领春木科 Eupteleaceae

70. 领春木

学　　名：*Euptelea pleiosperma* J. D. Hooker & Thomson

属　　名：领春木属 *Euptelea* Siebold & Zucc.

保护价值：河南省重点保护野生植物

形态特征：落叶乔木，高达 15 m。小枝暗灰褐色，无毛。叶卵形或椭圆形，长 5 ~ 14 cm，宽 3 ~ 9 cm，先端渐尖，基部楔形，边缘具疏锯齿，近基部全缘，两面无毛，背面有或无乳头状突起，侧脉 6 ~ 11 对。花 6 ~ 12 朵簇生，早春叶先开放；雄蕊 6 ~ 14，药隔顶端延长成附属物；子房歪斜，有长柄。翅果长 5 ~ 15 mm，棕色，扁平，果柄长 8 ~ 10 mm；有 1 ~ 2 枚种子，卵形，黑色。花期 3 ~ 4 月；果熟期 6 ~ 7 月。

物种分布：分布于河北、山西、河南、陕西、甘肃、浙江、湖北、四川、贵州、云南、西藏等地。河南产于太行山、伏牛山区；生于山谷杂木林中。

翅果

花序

花

叶

枝、叶背面

（十九）金缕梅科 Hamamelidaceae

71. 牛鼻栓

学　　名：*Fortunearia sinensis* Rehd. et Wils.

属　　名：牛鼻栓属 *Fortunearia* Rehder & E. H. Wilson

保护价值：中国特有种子植物；易危

形态特征：灌木或小乔木，高 2 ~ 6 m。嫩枝有灰褐色柔毛；老枝秃净无毛，有稀疏皮孔，干后褐色或灰褐色。叶倒卵形至倒卵状长椭圆形，先端短尖，基部圆形、截形或楔形，边缘有不等的波状齿，正面无毛，背面沿脉有星状毛；叶柄有毛。总状花序有星状柔毛；萼筒倒圆锥形，裂片 5，长圆状卵形；花瓣 5，较萼齿稍短；花柱 2，分离，较雄蕊长，向外卷曲。蒴果 2 瓣裂，卵圆形，褐色，被瘤状皮孔；果梗粗壮；种子长约 9 mm，淡棕色。花期 4 ~ 5 月；果熟期 7 ~ 8 月。

物种分布：分布于河南、陕西、湖北、江苏、安徽、浙江等地。河南伏牛山、太行山、大别山及桐柏山区均产；生于山坡或山谷杂木林中。

花

花序

蒴果

枝、叶背面

叶

72. 枫香树

学　　名： *Liquidambar formosana* Hance

属　　名： 枫香树属 *Liquidambar* L.

保护价值： 河南省重点保护野生植物

形态特征： 落叶乔木，高达 30 m。树皮深灰色，呈方块状剥落，具灰白色片状斑纹，老时呈不规则深裂。小枝圆形，幼时有柔毛，干后灰色。叶通常 3 裂，稀 5 裂，基部心形或平截，裂片先端细长尖，边缘具细锯齿；托叶线形，早落。花单性，雌雄同株；雄花排列成总状花序，淡黄绿色，无花被；雌花集成球形头状花序，下垂，木质，具多数鳞片及花柱变成的刺状物。种子具翅，椭圆状卵形，扁平，长约 6 mm。花期 4 月；果熟期 9 月。

物种分布： 分布于河南、陕西、甘肃、长江流域及以南等地。河南伏牛山南部、大别山和桐柏山区均产；生于山坡或山沟杂木林中。

果序

雄花

雄花序

枝、叶背面

叶

秋色叶

枝、叶、果序

植株

73. 山白树

学　　名：*Sinowilsonia henryi* Hemsl.

属　　名：山白树属 *Sinowilsonia* Hemsl.

保护价值：河南省重点保护野生植物；中国特有种子植物；易危

形态特征：落叶小乔木，高达 8 m；小枝有星状毛。叶倒卵形或椭圆形，顶端锐尖，基部圆形或浅心形，边缘生小锯齿，下面密生柔毛，侧脉 7 ~ 9 对；托叶条形。花单性，雌雄同株，无花瓣；雄花排列成葇荑花序状；萼筒壶形，萼齿 5，条状匙形；雄蕊 5，与萼齿对生，花丝极短；退化子房不存在。雌花组成的总状花序长 6 cm；萼筒壶形，萼齿 5，匙形，有星状毛；子房上位。果序长达 20 cm，有灰黄色毛；蒴果卵圆形，有毛，长约 1 cm，为宿存萼筒包裹，室背及室间裂开。花期 3 ~ 5 月；果期 6 ~ 8 月。

物种分布：分布于湖北、四川、河南、陕西及甘肃等地。河南产于伏牛山、太行山、大别山区；生于山沟或山坡杂木林中。

叶、果序

花序

蒴果

枝、叶、花序

74. 水丝梨

学　　名：*Sycopsis sinensis* Oliv.

属　　名：水丝梨属 *Sycopsis* Oliv.

保护价值：中国特有种子植物

形态特征：常绿乔木，高达 14 m，小枝有鳞毛。叶革质，矩圆状卵形，长 7 ~ 14 cm，宽 3 ~ 5.5 cm，顶端渐尖，基部圆或钝，全缘或中部以上有数个小齿，下面无毛，侧脉约 6 对。雄花组成的短穗状花序近无梗，长约 1.5 cm；萼筒壶形，花后增大；雄蕊 8 ~ 10，花药红色，药隔突出；退化子房具短花柱。雌花 6 ~ 14 朵排列成头状花序；总花梗短；萼筒壶形，萼齿长 1 mm，有毛；花瓣不存在；子房上位，密生长柔毛。果序头状；蒴果近圆球形，木质，2 瓣裂开，基部 1/3 为增大的萼筒所包裹。花期 4 ~ 5 月。

物种分布：分布于河南、陕西、湖北、四川等地。河南产于伏牛山南部；生于海拔 1 000 m 以下的山沟杂木林中。

蒴果

枝、叶

雌花序

雄花序

枝、叶背面

（二十）杜仲科 Eucommiaceae

75. 杜仲

学　　名：*Eucommia ulmoides* Oliv.

属　　名：杜仲属 *Eucommia* Oliv.

保护价值：河南省重点保护野生植物；国家Ⅱ级珍贵树种；中国特有种子植物；易危

形态特征：落叶乔木，高达 20 m。树皮灰色，粗糙，内含橡胶，树皮、叶折断有银白色细胶丝。小枝淡褐色或黄褐色，无毛。叶椭圆形或椭圆状卵形，边缘有细锯齿，侧脉 6～9 对，正面无毛，背面沿脉有长柔毛；叶柄长 1～2 cm，上面有槽，被散生长毛。花单性，雌雄异株，无花被，常先叶开放，生于小枝基部；雄蕊 6～10，花药线形，花丝极短；子房狭长，顶端有二叉状花柱。翅果扁平，周围具薄翅；内有 1 枚种子。花期 4 月；果熟期 9～10 月。

物种分布：分布于河南、陕西、湖北、江苏、江西、浙江、安徽、广东、四川、云南、贵州等地。河南伏牛山、大别山和桐柏山区均产，以伏牛山区较集中；栽培或野生，生于山坡或山沟土层较厚处。

具翅坚果

叶背面

枝、叶

橡胶丝

植株

（二十一）榆科 Ulmaceae

76. 青檀

学　　名： *Pteroceltis tatarinowii* Maxim.

属　　名： 青檀属 *Pteroceltis* Maxim.

保护价值： 河南省重点保护野生植物；中国特有种子植物

形态特征： 乔木，高达 20 m 以上；树皮灰色或深灰色，老时呈不规则的长片状剥落；小枝黄绿色，干时变栗褐色，疏被短柔毛，后渐脱落，皮孔明显，椭圆形或近圆形；冬芽卵形。叶纸质，宽卵形至长卵形，先端渐尖至尾状渐尖，基部不对称，楔形、圆形或截形，边缘有不整齐的锯齿，基部三出脉，侧出的一对近直伸达叶的上部；侧脉 4～6 对，叶正面绿色，幼时被短硬毛，后脱落常残留有圆点，光滑或稍粗糙，叶背面淡绿色，在脉上有稀疏或较密的短柔毛，脉腋有簇毛，其余近光滑无毛。翅果状坚果近圆形或近四方形，黄绿色或黄褐色，翅宽，稍带木质。花期 3～5 月；果期 8～10 月。

物种分布： 分布于辽宁、河北、山西、陕西、甘肃南部、青海东南部、山东、江苏、安徽、浙江、江西、福建、河南、湖北、湖南、广东、广西、四川和贵州等地。河南太行山、伏牛山、桐柏山和大别山区均产；生于山谷溪流两岸或岩石附近。

叶

翅果状坚果

枝、叶

树皮

叶背面

77. 大叶榉树

学　　名： *Zelkova schneideriana* Hand.–Mazz.

属　　名： 榉属 *Zelkova* Spach

保护价值： 国家Ⅱ级珍贵树种；国家二级重点保护野生植物；中国特有种子植物；近危

形态特征： 乔木，高达 35 m，胸径达 80 cm。树皮灰褐色至深灰色，呈不规则的片状剥落；当年生枝灰绿色或褐灰色，密生伸展的灰色柔毛；冬芽常 2 个并生，球形或卵状球形。叶厚纸质，大小形状变异很大，卵形至椭圆状披针形，先端渐尖、尾状渐尖或锐尖，基部稍偏斜，圆形、宽楔形、稀浅心形，叶正面绿色，干后深绿色至暗褐色，被糙毛，叶背面浅绿色，干后变淡绿色至紫红色，密被柔毛，边缘具圆齿状锯齿，侧脉 8 ~ 15 对；叶柄粗短，被柔毛。花期 4 月；果期 9 ~ 11 月。

物种分布： 分布于陕西南部、甘肃南部、江苏、安徽、浙江、江西、福建、河南南部、湖北、湖南、广东、广西、四川东南部、贵州、云南和西藏东南部等地。河南太行山、伏牛山、大别山和桐柏山区均产，常生于溪间水旁或山坡土层较厚的疏林中。

枝、叶

核果

叶

叶背面

78. 大果榉

学　　名： *Zelkova sinica* Schneid.

属　　名： 榉属 *Zelkova* Spach

保护价值： 河南省重点保护野生植物；中国特有种子植物

形态特征： 落叶乔木，高达 17 m。树皮灰白色，呈块状剥落，剥落处呈砖红色。一年生枝褐色或灰褐色，被灰白色柔毛，以后渐脱落，二年生枝灰色或褐灰色，光滑。叶卵形或卵状长圆形，长 2 ~ 7 cm，宽 1 ~ 2.5 cm，先端尖，基部圆形，边缘锯齿钝尖，背面脉腋有簇毛，侧脉 7 ~ 10 对；叶柄密生柔毛，长 2 ~ 4 mm。核果单生叶腋，几无柄，斜三角状，无毛，不具突起的网肋。花期 4 月；果熟期 10 月。

物种分布： 分布于河南、山西、陕西、甘肃、湖北、四川、贵州、安徽、江苏、浙江等地。河南太行山、伏牛山、大别山及桐柏山区均产；生于山坡、丘陵。

核果

叶背面

树皮

枝、叶

植株

（二十二）胡桃科 Juglandaceae

79. 青钱柳

学　　名： *Cyclocarya paliurus* (Batal.) Iljinsk.

属　　名： 青钱柳属 *Cyclocarya* Iljinsk.

保护价值： 河南省重点保护野生植物；中国特有种子植物

形态特征： 落叶乔木，高达 30 m。裸芽具柄，密被锈褐色腺鳞。枝条髓部薄片状分隔。奇数羽状复叶具 5 ~ 11 小叶，叶柄长 3 ~ 5 cm；小叶长椭圆状卵形或宽披针形，长 5 ~ 14 cm，基部歪斜，宽楔形或近圆形，具锐锯齿，正面被腺鳞，背面被灰色及黄色腺鳞，侧脉 10 ~ 16 对，沿脉被短柔毛，下面脉腋具簇生毛。雌雄同株；雌、雄花序均葇荑状。果具短柄，果翅革质，圆盘状，被腺鳞，顶端具宿存花被片。花期 4 ~ 5 月；果期 7 ~ 9 月。

物种分布： 分布于河南、安徽、江苏、浙江、江西、福建、台湾、湖北、湖南、四川、贵州、广西、广东和云南东南部。河南产于伏牛山、大别山区；生于山地林中。

花序

果序

具翅坚果

叶

80. 胡桃楸

学　　名：*Juglans mandshurica* Maxim.

属　　名：胡桃属 *Juglans* Linn.

保护价值：河南省重点保护野生植物；国家Ⅱ级珍贵树种

形态特征：落叶乔木，高达 25 m。树皮灰色，具浅纵裂；幼枝有毛，顶芽裸露，有黄褐色毛。羽状复叶达 80 cm，叶柄与叶轴有毛，小叶 9 ~ 19，卵状椭圆形或椭圆状长圆形，先端渐尖，基部圆形或浅心形，边缘有细锯齿，表面初有疏毛，后仅中脉有毛，背面有贴生短柔毛和星状毛。雄性葇荑花序长 9 ~ 20 cm，花序轴被短柔毛；雌花序穗状。果卵形或椭圆形，长 3.5 ~ 7 cm，果核有 8 条纵棱，各棱间有不规则皱褶及凹穴。花期 4 ~ 5 月；果熟期 8 ~ 9 月。

物种分布：分布于河南、陕西、甘肃、湖北、四川等地。河南各山区均产；生于山谷及山坡疏林中。

雌花序

枝、叶、雄花序

雄花

枝、叶、果序

核果状坚果

81. 湖北枫杨

学　　名： *Pterocarya hupehensis* Skan

属　　名： 枫杨属 *Pterocarya* Kunth

保护价值： 中国特有种子植物

形态特征： 落叶乔木，树皮灰色纵裂。冬芽裸露。叶轴不具翅；小叶 5 ~ 11，长椭圆形至卵状椭圆形，先端尖，基部圆形，偏斜，边缘有锯齿，表面有细小疣状突起及稀疏盾状腺体，中脉疏生星状毛，背面有极小灰色鳞片及稀疏盾状腺体；多脉腋有簇生星状毛，无小叶柄。果序长 10 ~ 45 cm，下垂，序轴具疏生星状毛。果实无毛；果翅半圆形，长 10 ~ 15 mm，宽 12 ~ 15 mm，与果体同具鳞片状腺体。花期 6 月；果熟期 9 月。

物种分布： 分布于河南、陕西、甘肃、湖北、四川等地。河南伏牛山、大别山和桐柏山区均产；生于山谷、河滩。

枝、叶

花

叶

具翅坚果，果翅半圆形

雌花序

果序

雄花序

82. 云南枫杨

学　　名：*Pterocarya macroptera* var. *delavayi* (Franchet) W. E. Manning

属　　名：枫杨属 *Pterocarya* Kunth

保护价值：伏牛山分布新记录种

形态特征：乔木，高 10 ~ 15 m；小枝黄褐色，较老时黑褐色而具浅色皮孔；芽具 3 枚芽鳞，被有盾状着生的腺体，并在顶端被有柔毛。奇数羽状复叶在背面密被与叶轴同样的黄褐色毡毛；小叶 7 ~ 13，边缘具细锯齿，侧脉 15 ~ 25 对；正面被细柔毛及极稀的细小腺体；背面沿全部叶脉被有柔毛；侧生小叶对生或近对生，具极短的小叶柄或无柄。雄性葇荑花序下垂。雄花具密被黄褐色毡毛的苞片。雌性葇荑花序顶生，俯垂，花序轴被有柔毛或毡毛。雌花具密被长毡毛的苞片。果序长达 50 ~ 60 cm，果序轴被柔毛至毡毛。果实直径约 8 mm；果翅歪斜，圆盘状卵形至椭圆形，顶端圆，基部通常有毛及腺体，稀无毛。花期 4 ~ 6 月；果期 7 ~ 8 月。

物种分布：分布于湖北西部、四川西部、云南西北部。河南产于伏牛山区；生于山坡或沟旁的疏林或密林中。

具翅坚果，果翅歪斜

果序

叶、果序

植株

（二十三）壳斗科 Fagaceae

83. 米心水青冈

学　　名： *Fagus engleriana* Seem.

属　　名： 水青冈属 *Fagus* L.

保护价值： 河南省重点保护野生植物；中国特有种子植物

形态特征： 落叶乔木，高达 25 m。冬芽长达 2.5 cm。小枝皮孔近圆形。叶菱状卵形或卵状披针形，长 5 ~ 9 cm，宽 2.5 ~ 4.5 cm，先端短尖或渐尖，基部宽楔形或近圆形，中上部具波状圆齿或全缘，幼叶被长绢毛，后近无毛，侧脉 10 ~ 13 对，近叶缘上弯连接；叶柄长 0.4 ~ 1.2 cm，无毛。壳斗基部小苞片叶状匙形、绿色、无毛，上部小苞片线形、褐色、被毛，或仅具线形褐色小苞片；每壳斗具 2 果，稀 3 枚；总梗纤细下垂；果三棱形，棱脊顶部有窄而稍下延窄翅；果柄长 2 ~ 7 cm。花期 4 ~ 5 月；果期 8 ~ 10 月。

物种分布： 分布于陕西、河南、安徽、浙江、湖北、湖南、广西、云南、贵州及四川。河南产于伏牛山区；生于山地混交林中或成小片纯林中。

小苞片

坚果

枝、叶、雌花序

叶背面

壳斗裂片

84. 水青冈

学　　名：*Fagus longipetiolata* Seem.

属　　名：水青冈属 *Fagus* L.

形态特征：乔木，冬芽长达 20 mm，小枝的皮孔狭长圆形或兼有近圆形。叶顶部短尖至短渐尖，基部宽楔形或近圆形，有时一侧较短且偏斜，叶缘波浪状，有短的尖齿，侧脉每边 9 ~ 15 条，直达齿端；开花期的叶沿叶背中脉、侧脉被长伏毛，其余被微柔毛，结果时因毛脱落变无毛或几无毛。总梗长 1 ~ 10 cm；壳斗 4（3）瓣裂，稍增厚的木质；小苞片线状，向上弯钩，位于壳斗顶部的长达 7 mm，下部的较短，与壳壁相同均被灰棕色微柔毛，壳壁的毛较长且密，通常有坚果 2 枚；坚果比壳斗裂瓣稍短或等长，脊棱顶部有狭而略伸延的薄翅。花期 4 ~ 5 月；果期 9 ~ 10 月。

物种分布：分布于秦岭以南、五岭南坡以北各地。河南产于伏牛山区；生于海拔 1 200 m 以上的山坡或山谷杂木林中。

壳斗

植株

叶背面

枝、叶

85. 细叶青冈

学　　名： *Quercus shennongii* C. C. Huang et S. H. Fu

属　　名： 栎属 *Quercus* L.

形态特征： 乔木，高达 10 m。一年生枝紫棕色，无毛。叶近革质，窄披针形，长 6 ~ 8 cm，宽 1 ~ 1.5 cm，顶端渐尖，基部楔形，沿叶柄下延，叶片中部以上有芒状疏锯齿，中脉在叶面凹陷，侧脉每边 7 ~ 10 条；叶正面绿色，无毛，叶背面灰绿色被白色粉霜及伏贴柔毛，后渐无毛；叶柄长 2 ~ 3 cm，无毛。果序梗长约 1 cm，成熟时仅有 1 果。壳斗高 6 mm，直径约 10 mm，包着坚果大部分，外壁被灰白色短柔毛，有 6 ~ 9 条环带，下部的环带有裂齿，上部的全缘。坚果宽卵形，除基部外被丝质毛，柱座明显突出。花期 3 ~ 4 月；果期 10 ~ 11 月。

物种分布： 分布于河南、陕西、甘肃、江苏、安徽、浙江、江西、福建、湖北、湖南、广东、广西、四川、贵州等地。河南产于伏牛山南部、大别山、桐柏山区；生于山地杂木林中，通常生于山谷潮湿处。

叶（1）

叶（2）

叶背面

86. 青冈

学　　名：*Quercus glauca* Thunb.

属　　名：栎属 *Quercus* L.

形态特征：常绿乔木，高达 20 m。树皮淡灰褐色，幼时平滑，老则浅裂。冬芽鳞片边缘有毛。小枝褐色，无毛。叶倒卵状长椭圆形或长圆形，长 7 ~ 15 cm，宽 2.5 ~ 6 cm，先端渐尖，基部近圆形或宽楔形，叶缘中部以上有粗尖锯齿，正面有光泽，背面淡灰白色，有平伏毛，侧脉 9 ~ 13 对；叶柄，无毛。壳斗浅碗状，直径 7 ~ 11 mm，灰褐色，被短毛，鳞片结合成 4 ~ 8 个同心环状轮层，环边全缘；坚果卵状长圆形，长 1 ~ 1.6 cm，先端尖，无毛，基部 1/3 ~ 1/2 包于壳斗中。花期 4 月；果熟期 9 ~ 10 月。

物种分布：分布于陕西、河南、湖北、江西、江苏、福建、台湾、广东、四川、云南、贵州等地。河南产于伏牛山南部、大别山和桐柏山区；生于海拔 500 ~ 1 300 m 的山坡或山谷杂木林中。

叶背面

雄花序

坚果、壳斗

枝、叶

87. 小叶青冈 青桲

学　　名： *Quercus myrsinifolia* Blume

属　　名： 栎属 *Quercus* L.

形态特征： 常绿乔木。高达 20 m，胸径达 1 m。小枝无毛，被凸起淡褐色长圆形皮孔。叶卵状披针形或椭圆状披针形，长 6 ~ 11 cm，宽 1.8 ~ 4 cm，顶端长渐尖或短尾状，基部楔形或近圆形，叶缘中部以上有细锯齿，侧脉每边 9 ~ 14 条，常不达叶缘，叶背支脉不明显，叶正面绿色，叶背面粉白色，干后为暗灰色，无毛；叶柄长 1 ~ 2.5 cm，无毛。雄花序长 4 ~ 6 cm；雌花序长 1.5 ~ 3 cm。坚果卵形或椭圆形，无毛，顶端圆，柱座明显，有 5 ~ 6 条环纹；果脐平坦，直径约 6 mm。花期 6 月；果期 10 月。

物种分布： 分布于长江流域及以南各地。河南伏牛山南部、大别山和桐柏山区均产；生于山谷杂木林中。

叶

枝、叶

叶背面

88. 岩栎

学　　名：*Quercus acrodonta* Seem.

属　　名：栎属 *Quercus* Linn.

保护价值：中国特有种子植物

形态特征：常绿小乔木或灌木。小枝灰褐色，密生星状毛。叶革质，常集生枝端，椭圆状卵形或椭圆状倒卵形，长 2 ~ 4 cm，宽 1 ~ 2.5 cm，先端尖，基部圆形或近心脏形，边缘中部以上有尖锯齿，正面光亮，背面密生灰白色星状绒毛层，星状毛约有 15 个辐射枝。壳斗浅碗状，鳞片卵形，排列紧密，先端栗褐色，背面密生灰白色毛；坚果长圆形，长约 15 cm，基部 2/5 包于壳斗中。花期 4 ~ 5 月；果熟期 9 ~ 10 月。

物种分布：分布于河南、陕西、湖北、四川等地。河南伏牛山和大别山区均产；生于山坡或山谷中。

枝、叶

坚果、壳斗、总苞片

坚果、壳斗

叶背面

植株

雄花序

89. 巴东栎

学　　名： *Quercus engleriana* Seem.

属　　名： 栎属 *Quercus* Linn.

保护价值： 中国特有种子植物

形态特征： 常绿乔木。幼枝有黄色绒毛，老枝无毛。冬芽细锥形，长 1 ~ 1.2 cm，鳞片红褐色，内层有毛。叶卵状椭圆形或椭圆状披针形，长 6 ~ 13 cm，宽 3 ~ 5.5 cm，先端渐尖，基部圆形或宽楔形，边缘 1/3 以上具尖锐锯齿，幼时背面密生黄色星状绒毛，后无毛，或仅基部脉上有毛，表面侧脉微凹下，侧脉 10 ~ 13 对，脉间微隆起，使叶面微皱状。壳斗浅碗状，密生灰色短毛，鳞片三角形，紧密排列，上部红褐色，几无毛；坚果卵圆形。花期 4 ~ 5 月；果熟期 9 ~ 10 月。

物种分布： 分布于河南、陕西、湖北、四川等地。河南产于伏牛山南部的西峡、南召、内乡等县；生于阳坡混交林中。

壳斗、总苞片

坚果、壳斗

叶

叶背面

90. 蒙古栎

学　　名： *Quercus mongolica* Fisch. ex Ledeb.

属　　名： 栎属 *Quercus* Linn.

保护价值： 国家Ⅱ级珍贵树种

形态特征： 落叶乔木，高达 30 m。树皮灰褐色，纵裂。小枝紫褐色，有棱，无毛。顶芽长卵形，微有棱，芽鳞紫褐色，有缘毛。叶倒卵形或倒卵状长椭圆形，先端短钝尖，基部楔圆或耳状，叶缘具钝齿或粗齿，幼叶沿脉疏被毛，老叶近无毛，侧脉 7 ~ 11 对。雄花序生于新枝下部，花序轴近无毛；花被 6 ~ 8 裂；雌花序生于新枝上端叶腋；雄花序长于雌花序。壳斗杯状，包着坚果约 1/3，小苞片鳞片状，下部具瘤状突起，密被灰白色短毛；果卵圆形或长卵圆形，无毛，果脐微突起。花期 4 ~ 5 月；果期 9 月。

物种分布： 分布于河南、山东、河北、山西、内蒙古和东北。河南太行山和伏牛山区均产；生于山坡，常在阳坡、半阳坡形成小片纯林或与桦树等组成混交林。

叶

枝、叶、果实

叶背面

坚果、壳斗

91. 乌冈栎

学　　名： *Quercus phillyreoides* A. Gray

属　　名： 栎属 *Quercus* Linn.

形态特征： 常绿灌木或小乔木，高达 10 m。小枝纤细，灰褐色，幼时有短绒毛，后渐无毛。叶片革质，倒卵形或窄椭圆形，长 2 ~ 8 cm，宽 1.5 ~ 3 cm，顶端钝尖或短渐尖，基部圆形或近心形，叶缘中部以上具疏锯齿，两面同为绿色，老叶两面无毛或仅叶背中脉被疏柔毛，侧脉每边 8 ~ 13 条；叶柄长 3 ~ 5 mm，被疏柔毛。雄花序纤细，花序轴被黄褐色绒毛。壳斗杯形，包着坚果 1/2 ~ 2/3；小苞片三角形，覆瓦状排列紧密，除顶端外被灰白色柔毛；果长椭圆形，长 1.5 ~ 1.8 cm，直径约 8 mm，果脐平坦或微突起，直径 3 ~ 4 mm。花期 3 ~ 4 月；果期 9 ~ 10 月。

物种分布： 分布于安徽、福建、广东、广西、贵州、河南、湖北、湖南、江西、陕西、四川、云南、浙江。河南产于伏牛山区；生于山坡杂木林。

坚果、壳斗

叶背面

枝、叶

（二十四）桦木科 Betulaceae

92. 红桦

学　　名：*Betula albosinensis* Burkill

属　　名：桦木属 *Betula* L.

保护价值：中国特有种子植物

形态特征：落叶乔木，高达 30 m，胸径 1 m；树皮橙红色，有光泽，纸质，呈薄片剥落。小枝无毛，有时疏被树脂腺体。叶卵形、卵状椭圆形或卵状长圆形，长 3 ~ 8 cm，先端渐尖或近尾尖，基部圆或微心形，上面无毛，下面密被树脂腺点及稀疏长柔毛，具不规则骤尖重锯齿，侧脉 10 ~ 14 对。雌花序单生或 2 ~ 4 枚成总状，长圆形或长圆状圆柱形，长 3 ~ 4 cm，序梗长约 1 cm；苞片中裂片长圆形或披针形，侧裂片开展，近圆形，长及中裂片的 1/3。小坚果卵形，膜质翅与果近等宽。花期 4 ~ 5 月；果期 6 ~ 7 月。

物种分布：分布于云南、四川东部、湖北西部、河南、河北、山西、陕西、甘肃、青海。河南产于伏牛山、太行山区；生于海拔 1 000 m 以上的山坡林中。

叶背面

叶

植株

雄花序

果序

93. 坚桦

学　　名：*Betula chinensis* Maxim.

属　　名：桦木属 *Betula* L.

形态特征：落叶灌木或小乔木，高 1～5 m；小枝密生曲柔毛。叶卵形或长卵形，长 1.5～5.5 cm，先端急尖或钝，基部圆形或宽楔形，边缘有不规则骤尖重锯齿，上面仅幼时密生长柔毛，下面沿脉密生长柔毛，侧脉 8～10 对；叶柄长 4～10 mm。果序单生，近球形或椭圆形，长 1～1.7 cm，果序柄极短，长 1～2 mm；果苞长 5～9 mm，中裂片披针形，长为侧裂片的 3～4 倍；翅果卵形，长约 3 mm，翅极窄。花期 4～5 月；果期 8 月。

物种分布：分布于黑龙江、辽宁、河北、山西、山东、河南、陕西、甘肃。河南产于伏牛山、太行山区；生于山坡、山脊、石山坡及沟谷等的林木中。

果序

雄花序

枝、叶、雌花序

叶背面

叶

枝、叶、花序

植株

94. 亮叶桦

学　　名： *Betula luminifera* H. Winkl.

属　　名： 桦木属 *Betula* L.

保护价值： 中国特有种子植物

形态特征： 落叶乔木，高达 25 m。树皮光滑。幼枝密被黄色柔毛及稀疏树脂腺体。叶卵状椭圆形、长圆形或长圆状披针形，先端渐尖或尾尖，基部圆形、近心形或宽楔形，幼时密被柔毛，后脱落，下面密被树脂腺点，具不规则刺毛状重锯齿，侧脉 12 ~ 14 对；叶柄长 1 ~ 2 cm，密被长柔毛及树脂腺体。雌花序单生，细长圆柱形，序梗长 1 ~ 2 mm，密被柔毛及树脂腺体。果苞中裂片长圆形或披针形，侧裂片长为中裂片的 1/4；小坚果倒卵形，疏被柔毛，膜质翅宽为果长的 1 ~ 2 倍，部分露出苞片。花期 3 ~ 4 月；果期 5 ~ 6 月。

物种分布： 分布于河南、云南、贵州、四川、陕西、甘肃、湖北、江西、浙江、广东、广西等地。河南产于伏牛山区；生于海拔 1 000 m 左右的阳坡林中。

叶背面

枝、叶、花序

果序

雌花序

树皮

95. 白桦

学　　名：*Betula platyphylla* Suk.

属　　名：桦木属 *Betula* L.

形态特征：落叶乔木。树皮白色。叶卵状三角形、三角形、菱状三角形或卵状菱形，长 3 ~ 9 cm，先端渐尖，有时呈短尾状，基部截形至楔形，有时几心形或近圆形，边缘有或多或少重锯齿，无毛；叶柄长 1 ~ 2.5 cm。果序单生，圆柱状；果苞长 3 ~ 7 mm，中裂片三角形，侧裂片通常开展至向下弯；翅果狭椭圆形，膜质翅与果等宽或较果稍宽。花期 6 ~ 7 月；果期 7 ~ 9 月。

物种分布：分布于东北、华北、河南、陕西、宁夏、甘肃、青海、四川、云南、西藏东南部等地。河南产于伏牛山、太行山区；生于海拔 1 000 m 以上的山坡林中。

枝、叶、花序

树皮

叶背面

叶、雌花序

96. 湖北鹅耳枥

学　　名： *Carpinus hupeana* Hu

属　　名： 鹅耳枥属 *Carpinus* Linn.

保护价值： 中国特有种子植物

形态特征： 落叶乔木，高约 18 m。幼枝密被黄色长柔毛，后脱落。叶卵状披针形、卵状椭圆形或椭圆状披针形，先端尖或渐尖，基部圆或近心形，正面疏被长柔毛，背面被树脂腺点，沿脉被绢毛，脉腋具髯毛，具重锯齿，侧脉 11 ~ 16 对；叶柄长 0.7 ~ 1.5 cm，被长柔毛。雌花序长 6 ~ 11 cm，花序梗长 1.5 ~ 2 cm，密被长柔毛；苞片半卵形，长 1 ~ 1.6 cm，沿脉疏被长柔毛，外缘疏生齿或缺齿，内缘全缘，基部具内折耳突。小坚果宽卵球形，长约 5 mm，顶端被长柔毛，具纵肋。花期 5 ~ 6 月；果期 7 ~ 8 月。

物种分布： 分布于河南南部、湖北西部、湖南北部、江苏、浙江、江西等地。河南产于伏牛山南部、大别山、桐柏山区；生于山坡林地。

小枝、叶

坚果、苞片

果序、苞片

叶背面

枝、叶

97. 华榛

学　　名：*Corylus chinensis* Franch.

属　　名：榛属 *Corylus* Linn.

保护价值：河南省重点保护野生植物；中国特有种子植物

形态特征：大乔木，高达 40 m，胸径 2 m。小枝疏被长柔毛及刺状腺体。叶卵形、卵状椭圆形或倒卵状椭圆形，长 8 ~ 18 cm，先端骤尖或短尾状，基部斜心形，具不规则重锯齿，下面脉腋具髯毛；叶柄长 1 ~ 2.5 cm，密被长柔毛及刺状腺体。雄花序 4 ~ 6 簇生；苞片被柔毛。雌花序 2 ~ 6 呈头状。果苞管状，长 2 ~ 6 cm，具多数纵肋，疏被柔毛及刺状腺体，在坚果以上缢缩，裂片线形，顶端分叉；坚果内藏，卵球形，直径 1 ~ 1.5 cm，无毛。花期 4 ~ 5 月；果期 9 ~ 10 月。

物种分布：分布于河南、陕西、云南、四川等地。河南产于太行山、伏牛山、大别山区；生于湿润山坡林中。

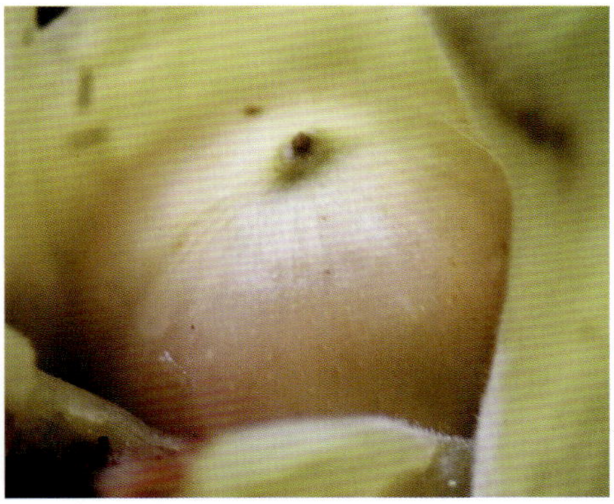

坚果

总苞

叶

果序

枝、叶背面

树皮

98. 铁木

学　　名：*Ostrya japonica* Sarg.

属　　名：铁木属 *Ostrya* Scop.

保护价值：河南省重点保护野生植物

形态特征：乔木。叶矩圆状卵形至矩圆状披针形，长 3.5 ~ 12 cm，边缘具不规则重锯齿，背面沿脉密被短柔毛，脉腋具细须状毛，侧脉 10 ~ 15 对，脉间相距 5 ~ 10 mm；叶柄细，密被短柔毛，长 1 ~ 1.5 cm。果 4 至多个聚生成直立或下垂的总状果序；总苞膜质，膀胱状，倒卵状矩圆形或椭圆形，长 1 ~ 2 cm，宽 6 ~ 12 mm，先端具短尖，被平贴软毛，基部被长硬毛；小坚果矩圆状卵形，长约 6 mm，淡褐色，有光泽。花期 5 ~ 7 月；果期 7 ~ 9 月。

物种分布：分布于河北、河南、陕西、甘肃及四川西部等地。河南产于大别山、伏牛山、太行山区；生于山坡林中。

果序

叶背面

枝、叶

树皮

（二十五）芍药科 Paeoniaceae

99. 川赤芍

学　　名： *Paeonia veitchii* Lynch

属　　名： 芍药属 *Paeonia* L.

形态特征： 多年生草本。根圆柱形。茎高 30 ~ 80 cm，少有 1 m 以上，无毛。叶为二回三出复叶，叶片轮廓宽卵形；小叶呈羽状分裂，裂片窄披针形至披针形，顶端渐尖，全缘，正面深绿色，沿叶脉疏生短柔毛，背面淡绿色，无毛；叶柄长 3 ~ 9 cm。花 2 ~ 4，生于茎顶端及叶腋，有时仅顶端 1 朵开放，而叶腋有发育不好的花芽；苞片 2 ~ 3，分裂或不裂，披针形，大小不等；萼片 4，宽卵形，长 1.7 cm，宽 1 ~ 1.4 cm；花瓣 6 ~ 9，倒卵形，长 3 ~ 4 cm，宽 1.5 ~ 3 cm，紫红色或粉红色。蓇葖长 1 ~ 2 cm，密生黄色绒毛。花期 5 ~ 6 月；果期 7 月。

物种分布： 分布于西藏东部、四川西部、青海东部、甘肃、河南及陕西南部。河南产于伏牛山区；生于山坡林下、草丛中、路旁及山坡疏林中。

花序

花侧面

植株

花

叶

100. 矮牡丹

学　　名： *Paeonia jishanensis* T. Hong & W. Z. Zhao

属　　名： 芍药属 *Paeonia* L.

保护价值： 国家二级重点保护野生植物；中国特有种子植物；易危

形态特征： 落叶灌木，高达 2 m。老茎皮褐灰色，有纵纹。二年生枝灰色，皮孔黑色。花枝褐红色或淡绿色，皮孔不明显。叶为二回三出复叶，具 9 小叶，稀较多；小叶圆形或卵圆形，先端急尖或钝，基部圆形、宽楔形或稍心形，背面疏被长柔毛，通常 3 裂至近中部，裂片通常 2 ~ 3 裂，稀全缘。花单生枝顶；苞片 3 或 4，萼片 3；花瓣 6 ~ 10，白色，稀边缘或基部带粉色；雄蕊多数，花药黄色；花丝紫红色或下部紫红色，上部白色；花盘紫红色，花期全包心皮，顶端齿裂；心皮 5，密被黄白色绒毛；柱头紫红色。蓇葖果圆柱状。种子黑色，有光泽。花期 4 ~ 5 月；果期 8 ~ 9 月。

物种分布： 分布于山西、河南、陕西、甘肃等地。河南产于太行山、伏牛山区；生于灌丛和次生落叶阔叶林中。

雌蕊

雄蕊

花侧面

花

叶

101. 草芍药

学　　名： *Paeonia obovata* Maxim.

属　　名： 芍药属 *Paeonia* L.

形态特征： 多年生草本，高 40 ~ 60 cm。茎圆柱形，无毛，基部有数个鞘状鳞片。二回三出复叶或茎上部为 3 小叶或单叶；顶生小叶倒卵形或宽椭圆形，侧生小叶椭圆形，先端短锐尖，基部楔形，正面光滑，背面无毛或幼时被稀疏柔毛；叶柄长 5 ~ 10 cm，顶生小叶柄长 2 ~ 2.5 cm，侧生小叶柄长 3 ~ 5 mm。花单生茎顶，红色或白色；萼片 5；花瓣倒卵形；雄蕊多数；心皮 2 ~ 4，无毛或有时被短柔毛。蓇葖果卵圆形，红色，成熟时果瓣反卷。花期 5 ~ 6 月；果熟期 7 ~ 8 月。

物种分布： 分布于黑龙江、辽宁、河北、山西、陕西、甘肃、四川等地。河南产于桐柏山、伏牛山及太行山区；生于山坡或山谷林下。

花

聚合蓇葖果

种子

叶

植株

102. 紫斑牡丹

学　　名： *Paeonia rockii* (S. G. Haw & Lauener) T. Hong & J. J. Li

属　　名： 芍药属 *Paeonia* L.

保护价值： 国家一级重点保护野生植物；中国特有种子植物；易危

形态特征： 落叶灌木。茎皮褐灰色。叶二或三回羽状复叶，叶柄长 10 ~ 15 cm，卵状披针形，长 2.5 ~ 11 cm，基部圆钝，先端渐尖，多全缘，少数（通常是顶生小叶）3 深裂，上面无毛或主脉上有白色长柔毛，下面多少被白色长柔毛。花单朵顶生，直径达 19 cm；花瓣通常白色，稀淡粉红色，基部内面具一紫色大斑块；雄蕊极多数，花丝和花药全为黄色；花盘花期全包心皮，黄色；心皮 5，密被绒毛，柱头黄色。蓇葖果（幼）长椭圆形。花期 5 ~ 6 月；果熟期 7 ~ 8 月。

物种分布： 分布于辽宁、河南、湖北、陕西、甘肃等地。河南产于伏牛山、太行山区；生于山坡灌丛中。

花

蓇葖果、种子

叶

植株

（二十六）山茶科 Theaceae

103. 紫茎

学　　名： *Stewartia sinensis* Rehd. et Wils

属　　名： 紫茎属 *Stewartia* L.

保护价值： 河南省重点保护野生植物；中国特有种子植物

形态特征： 落叶小乔木。树皮灰黄色，嫩枝无毛或有疏毛，冬芽苞约 7 片。叶纸质，椭圆形或卵状椭圆形，长 6 ~ 10 cm，宽 2 ~ 4 cm，先端渐尖，基部楔形，边缘有粗齿，侧脉 7 ~ 10 对；下面叶腋常有簇生毛丛，叶柄长 1 cm。花单生，直径 4 ~ 5 cm，花柄长 4 ~ 8 mm；苞片长卵形；萼片 5，基部连生，长卵形，长 1 ~ 2 cm，先端尖，基部有毛；花瓣阔卵形，长 2.5 ~ 3 cm，基部连生，外面有绢毛；雄蕊有短的花丝管，被毛；子房有毛。蒴果卵圆形，先端尖。种子长 1 cm，有窄翅。花期 6 月；果期 9 ~ 10 月。

物种分布： 分布于四川东部、安徽、河南、江西、浙江、湖北。河南产于伏牛山南部西峡、内乡、南召等地；生于山谷或山坡木林中，有时形成片林。

蒴果，萼片、苞片先端尖

叶

花

枝、叶背面

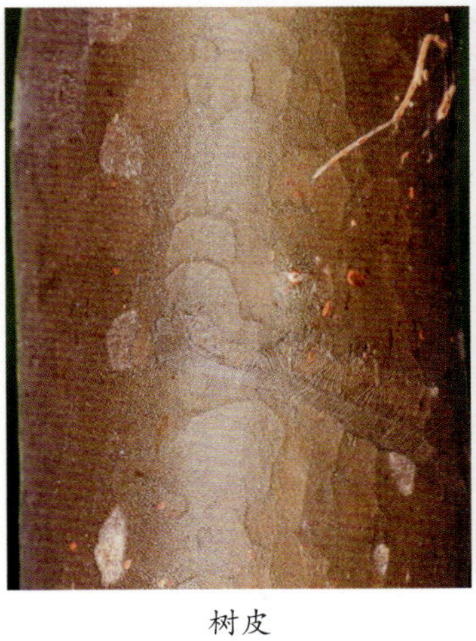

树皮

植株

104. 陕西紫茎

学　　名： *Stewartia sinensis* var. *shensiensis* (Hung T. Chang) T. L. Ming & J. Li

属　　名： 紫茎属 *Stewartia* L.

保护价值： 河南省重点保护野生植物

形态特征： 落叶小乔木，高 8 m，嫩枝有长柔毛。叶薄革质，椭圆形，长 5 ~ 7 cm，宽 2.5 ~ 3.2 cm，先端锐尖，基部楔形，正面稍发亮，背面在中脉上有柔毛，侧脉 5 ~ 7 对，边缘有锯齿，叶柄长 5 ~ 8 mm。花腋生，白色，花柄长 5 ~ 7 mm，苞片长圆形，有柔毛；萼片长圆形，被柔毛；花瓣长 1.7 cm，其中 4 片长圆形，宽 6 ~ 7 mm，1 片卵形，宽 1 cm，背面有绢毛；雄蕊长 1.2 ~ 1.5 cm；子房有长柔毛；花柱先端 5 裂。蒴果长 1 cm。花期 6 月；果期 9 ~ 10 月。

物种分布： 分布于河南、陕西。河南产于伏牛山南部；生于山谷或山坡杂木林中。

蒴果，萼片、苞片先端钝

花

树皮

枝、叶

（二十七）猕猴桃科 Actinidiaceae

105. 软枣猕猴桃

学　　名：*Actinidia arguta* (Sieb. et Zucc.) Planch. ex Miq.

属　　名：猕猴桃属 *Actinidia* Lindl.

保护价值：国家二级重点保护野生植物

形态特征：落叶大藤本，长可达 30 m 以上。嫩枝有时有灰白色疏柔毛，老枝光滑；髓褐色，片状。叶片膜质至纸质，卵圆形、椭圆状卵形或矩圆形，长 6 ~ 13 cm，宽 5 ~ 9 cm，顶端突尖或短尾尖，基部圆形或心形，少有近楔形，边缘有锐锯齿，背面在脉腋有淡棕色或灰白色柔毛，其余无毛，叶柄及叶脉干后常带黑色。腋生聚伞花序有花 3 ~ 6；花白色，花被 5 数，萼片仅边缘有毛，花柄无毛；雄蕊多数；花柱丝状，多数。浆果球形至矩圆形，光滑。花期 4 月；果期 8 ~ 10 月。

浆果

物种分布：分布于黑龙江、吉林、辽宁、山东、山西、河北、河南、安徽、浙江、云南等地，主产东北地区。河南产于太行山、大别山及伏牛山区；生于海拔 1 000 m 左右的杂木林中。

花

花萼

雌、雄蕊

花序

片状髓

枝、叶

叶背面

叶

106. 中华猕猴桃

学　　名：*Actinidia chinensis* Planch.

属　　名：猕猴桃属 *Actinidia* Lindl.

保护价值：国家二级重点保护野生植物

形态特征：大型落叶藤本。幼枝及叶柄密生灰棕色柔毛，老枝无毛；髓大，白色，片状。叶片纸质，圆形、卵圆形或倒卵形，顶端突尖、微凹或平截，边缘有刺毛状齿，正面仅叶脉有疏毛，背面密生灰棕色星状绒毛。花开时白色，后变黄色；花被 5 数，萼片及花柄有淡棕色绒毛；雄蕊多数；花柱丝状，多数。浆果卵圆形或矩圆形，密生棕色长毛。花期 4 ~ 5 月；果熟期 9 ~ 10 月。

物种分布：广布长江流域以南各地，北到西北、河南。河南大别山、桐柏山和伏牛山区均产；生于林内或灌丛中。

浆果

浆果横切面、种子

花

叶

枝、叶背面

茎、叶、果实

107. 美味猕猴桃

学　　名： *Actinidia chinensis* var. *deliciosa* (A. Chevalier) A. Chevalier

属　　名： 猕猴桃属 *Actinidia* Lindl.

形态特征： 大型落叶藤本。花枝多数较长，长达 15 ~ 20 cm，被黄褐色长硬毛，毛落后仍可见到硬毛残迹。叶倒阔卵形至倒卵形，长 9 ~ 11 cm，宽 8 ~ 10 cm，顶端常具突尖，叶柄被黄褐色长硬毛。花较大，直径 3.5 cm 左右；子房被刷毛状糙毛。果近球形、圆柱形或倒卵形，长 5 ~ 6 cm，被常分裂为 2 ~ 3 数束状的刺毛状长硬毛。花期 4 ~ 5 月；果熟期 9 ~ 10 月。

物种分布： 分布于甘肃、陕西、四川、贵州、云南、河南、湖北、湖南、广西等地。河南产于伏牛山、大别山、桐柏山区；分布于山谷、山坡杂木林中。

茎、叶

浆果纵切面、种子

浆果

叶

108. 黑蕊猕猴桃

学　　名： *Actinidia melanandra* Franch.

属　　名： 猕猴桃属 *Actinidia* Lindl.

保护价值： 河南省重点保护野生植物；中国特有种子植物

形态特征： 落叶藤本。小枝无毛；髓灰褐色，片状。叶片纸质，卵形、椭圆形至矩圆状披针形，长 5 ~ 10 cm，宽 2.5 ~ 4.5 cm，顶端渐尖，基部宽楔形至近圆形，背面有白粉，并在脉腋有褐色柔毛，其余光滑。花白色；花被通常 5 数，萼片及花柄无毛；雄蕊多数，花药干时带黑色；花柱丝状，多数。浆果卵形或矩圆形，无斑。花期 5 月上、中旬；果期 9 月。

物种分布： 分布于河南、陕西、甘肃、湖北及四川。河南产于大别山、伏牛山南部；生于海拔 1 000 ~ 1 500 m 的山林中。

花

果序

浆果

叶背面

茎、叶

片状髓

109. 四萼猕猴桃

学　　名： *Actinidia tetramera* Maxim.

属　　名： 猕猴桃属 *Actinidia* Lindl.

保护价值： 中国特有种子植物；近危

形态特征： 落叶藤本。花枝红褐色，无毛，皮孔显著，髓心褐色，片层状。叶纸质，常集生枝顶，有时具白色或淡红色斑，窄长圆状卵形、长圆状椭圆形或椭圆状披针形，先端骤短尖，基部宽楔形或近圆形，具细齿，正面无毛，背面脉腋具白色髯毛，中脉常被白色刺毛。花白色，杂性，单生或 2 ~ 3 朵集生。萼片 4 或 5，长圆状卵形，无毛，具睫毛；花瓣 4 或 5，倒长卵圆形；花药黄色，长圆形。果长卵球形，无毛，无斑点，熟时金黄色，宿萼反折。花期 5 月中旬至 6 月中旬；果熟期 9 月中下旬。

物种分布： 分布于甘肃、陕西、河南、湖北、四川等地，以四川和陕西两省较多。河南产于伏牛山区；生于山沟杂木林中。

片状髓

花萼

花序

叶

花

雌、雄蕊

叶背面

110. 藤山柳

学　　名： *Clematoclethra scandens* Maxim.

属　　名： 藤山柳属 *Clematoclethra* Maxim.

保护价值： 中国特有种子植物

形态特征： 落叶藤本植物。老枝黑褐色，无毛；小枝褐色，被刚毛，基本无绒毛。叶纸质，卵形、长圆形、披针形或倒卵形，顶端渐尖至长渐尖，基部钝形或圆形，边缘有胼胝质睫状小锯齿，腹面叶脉上有刚毛，背面全部被或厚或薄的细绒毛，叶脉上又兼被刚毛；叶柄长 2 ~ 7 cm，被刚毛，基本无绒毛。花序被细绒毛或兼被刚毛，总柄长 15 ~ 20 mm，具 3 ~ 6 花；花柄长 7 ~ 10 mm；小苞片被细绒毛，披针形；花白色；萼片矩卵形，无毛或略被细绒毛；花瓣瓢状倒矩卵形，长约 7 mm。花期 6 月；果期 7 ~ 8 月。

物种分布： 分布于河南、四川、湖北、云南等地。河南产于伏牛山区；生于海拔 500 m 以上的山沟、山谷杂木林中。

叶

果实

髓实心

叶背面

（二十八）椴树科 Tiliaceae

111. 南京椴

学　　名： *Tilia miqueliana* Maxim.

属　　名： 椴属 *Tilia* Linn.

保护价值： 易危

形态特征： 落叶乔木，高达 15 m；小枝密生星状毛。叶三角状卵形或卵形，长 4 ~ 11 cm，宽 3.5 ~ 9 cm，先端短渐尖，基部偏斜，心形或截形，边缘有短尖锯齿，正面无毛，背面密生星状毛。聚伞花序长 7 ~ 9 cm，花序轴有星状毛；苞片长 5.5 ~ 13 cm，上面脉腋有星状毛，下面密生星状毛；萼片 5，外面有星状毛，内面有长柔毛；花瓣无毛。果近球形，直径 9 mm，外面有星状绒毛。花期 7 月；果期 9 ~ 10 月。

物种分布： 分布于河南、江苏、浙江、安徽、江西。河南产于大别山、桐柏山及伏牛山南部；生于山坡、山谷阴湿处。

枝、叶、花序

果序

叶

叶背面

植株

（二十九）旌节花科 Stachyuraceae

112. 中国旌节花

学　　名： *Stachyurus chinensis* Franch.

属　　名： 旌节花属 *Stachyurus* Siebold & Zucc.

保护价值： 中国特有种子植物

形态特征： 落叶灌木，高 1.5 ~ 5 m；树皮暗褐色。叶互生，纸质，卵形至卵状矩圆形，少有矩圆状披针形，长 6 ~ 15 cm，宽 3.5 ~ 7 cm，先端尾状渐尖，基部圆形或近心形，边缘有疏锯齿，无毛，或背面沿中脉被疏毛。穗状花序腋生，下垂，长 4 ~ 10 cm；萼片 4，三角形；花瓣 4，倒卵形，长约 7 mm，黄色；雄蕊与花瓣几等长。浆果球形，有短柄，直径约 6 mm。花期 3 ~ 4 月；果期 5 ~ 7 月。

物种分布： 分布于河南、陕西、山西、西藏、浙江、安徽、江西、湖南、湖北、四川、贵州、福建、广东、广西和云南。河南产于伏牛山、大别山区；生于山谷、溪沟旁、林中或林缘。

枝、叶

雌花

花序

果序、浆果

（三十）葫芦科 Cucurbitaceae

113. 绞股蓝

学　　名：*Gynostemma pentaphyllum* (Thunb.) Makino

属　　名：绞股蓝属 *Gynostemma* Blume

保护价值：河南省重点保护野生植物

形态特征：多年生草质攀缘植物。茎柔弱，有短柔毛或无毛。卷须分 2 叉或稀不分叉；叶鸟足状，有 5 ~ 7 小叶，叶柄长 2 ~ 4 cm，有柔毛；小叶片卵状矩圆形或矩圆状披针形，中间者较长，长 4 ~ 14 cm，有柔毛和疏短刚毛或近无毛，边缘有锯齿。雌雄异株；雌雄花序均圆锥状，总花梗细，长 10 ~ 30 cm；花小，花梗短；苞片钻形；花萼裂片三角形；花冠裂片披针形；雄蕊 5，花丝极短，花药卵形；子房球形，2 ~ 3 室，花柱 3，柱头 2 裂。果实球形，熟时变黑色，有 1 ~ 3 枚种子；种子宽卵形，两面有小疣状突起。花期 3 ~ 11 月；果期 4 ~ 12 月。

物种分布：分布于陕西南部、河南和长江流域以南各地。河南产于大别山、桐柏山、伏牛山、太行山区；生于山坡、沟旁、林下或灌丛、草丛中。

叶

花

茎、叶、卷须

卷须

浆果

（三十一）鹿蹄草科 Pyrolaceae

114. 松下兰

学　　名：*Hypopitys monotropa* Crantz

属　　名：水晶兰属 *Monotropa* L.

形态特征：多年生腐生草本。在土层中具有分枝繁密的根系，根外面包有1层菌根，借此吸收水分和养料；全株高达20 cm，淡白色或淡黄色，颇为肉质，干后变黑色。叶鳞片状，20～30枚，近直立，上部的稀疏，向下部渐紧密，卵状矩圆形或宽披针形，长1～1.5 cm，宽5～7 mm，上部的往往具不整齐的锯齿。花3～8，为初期俯垂、不久渐直立的总状花序，筒状钟形，长1～1.5 cm；花瓣4～5，淡黄色，颇为肉质，基部囊状，顶端钝，有不整齐的锯齿；雄蕊8～10，短于花冠。蒴果椭圆状球形，直立向上，长5～7 mm；花柱颇粗，长达5 mm。花期6～7月；果期7～8月。

物种分布：分布于东北、山西、陕西、甘肃、青海、新疆、湖北、西藏、河南等地。河南产于太行山、伏牛山、大别山区；生于山坡林下阴湿处。

鳞片状叶

花序

植株

115. 水晶兰

学　　名： *Monotropa uniflora* L.

属　　名： 水晶兰属 *Monotropa* L.

保护价值： 近危

形态特征： 多年生腐生草本。植株高 10 ~ 30 cm，全株无叶绿素，白色，肉质。茎不分枝。叶鳞片状，直立、互生，长圆形、窄长圆形或宽披针形，先端钝，无毛或上部叶稍有毛，近全缘。花单一，顶生，先下垂，后直立。花冠筒状钟形；苞片鳞片状，与叶同形；萼片鳞片状，早落；花瓣 5 ~ 6，离生，楔形或倒卵状长圆形，有不整齐的齿，内侧常有密长粗毛，早落；花丝有粗毛，花药黄色；花盘 10 齿裂；子房 5 室，中轴胎座。蒴果椭圆状球形，直立。花期 8 ~ 9 月；果期 9 ~ 11 月。

物种分布： 分布于内蒙古、山西、河南、陕西、甘肃、青海、西藏、四川、云南、贵州、湖北、江西、安徽、浙江、福建、台湾、广东及广西等地。河南产于太行山、伏牛山、大别山和桐柏山区；生于山坡林下阴湿处。

花

花侧面

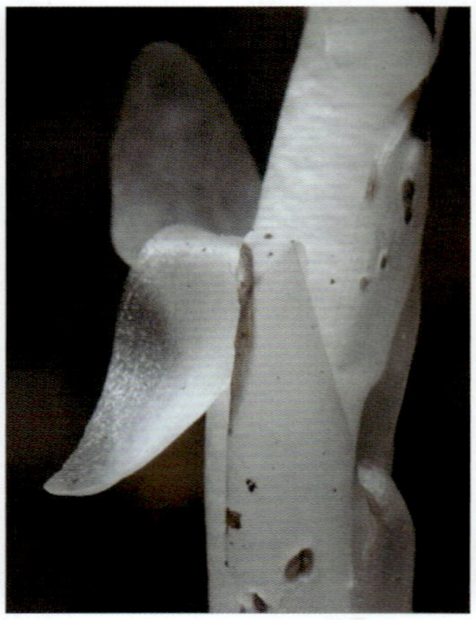

鳞片状叶

植株

（三十二）杜鹃花科 Ericaceae

116. 秀雅杜鹃

学　　名：*Rhododendron concinnum* Hemsley

属　　名：杜鹃花属 *Rhododendron* L.

保护价值：中国特有种子植物

形态特征：常绿灌木，高达 3.5 m；枝条无毛，当年生枝有近球形的腺状鳞片。叶革质，宽披针形至椭圆状披针形，长 3 ~ 8 cm，宽 1.5 ~ 3 cm，顶端锐尖，有明显的长尖头，基部圆，上面有较疏的近黑色疣状鳞片，下面有密的黄色鳞片和较少的近黑色鳞片，中脉上面有微毛；叶柄长 5 ~ 10 mm，有鳞片。顶生伞形花序通常有花 5 朵；花梗长 1.5 ~ 2 cm，部分有无柄腺体；花萼极短，呈波状边缘，有鳞片；花冠宽漏斗状，洋红色，长 2 cm，无毛；雄蕊 10；子房有密鳞片，基部和顶部有短毛，花柱无毛，紫色。蒴果圆柱形，长 1.5 cm，有鳞片。花期 4 ~ 6 月；果期 9 ~ 10 月。

物种分布：分布于云南、四川、陕西、河南等地。河南产于伏牛山区；生于海拔 1 700 m 以上的山顶、山坡林下或山谷路旁的灌丛中。

叶

叶背面

花侧面

花

枝叶

叶、花

花序

117. 太白杜鹃

学　　名： *Rhododendron purdomii* Rehd. et Wils.

属　　名： 杜鹃花属 *Rhododendron* L.

保护价值： 河南省重点保护野生植物；中国特有种子植物；易危

形态特征： 常绿灌木，高达 3 m。枝条粗壮，幼枝略有微毛。叶革质，矩圆状披针形至矩圆状椭圆形，顶端急尖或钝，基部楔形，边缘反折，正面光滑，有细皱纹，无毛，中脉凹入，侧脉稍凹入，背面淡绿色，无毛，网脉明晰，侧脉略可见；叶柄粗，初有微毛，后无毛。顶生总状伞形花序有花 16 朵，总轴长约 1 cm，有红绒毛；花梗长 1 ~ 1.6 cm，密生灰白色绒毛；花萼小，杯状，5 浅裂，有疏柔毛；花冠钟状，白色，裂片 5，圆形；雄蕊 10，花丝基部有短毛；子房有疏白绒毛，花柱无毛。蒴果圆柱形，光滑。花期 5 ~ 6 月；果期 7 ~ 9 月。

物种分布： 分布于甘肃、陕西、河南。河南产于伏牛山区；生于山坡林中，常形成片林。

花

花序

果序、蒴果

植株

雌、雄蕊

雌蕊

叶背面

枝、叶

花

118. 河南杜鹃

学　　名：*Rhododendron henanense* Fang

属　　名：杜鹃花属 *Rhododendron* L.

保护价值：河南省重点保护野生植物；中国特有种子植物

形态特征：常绿灌木，高 3 ~ 5 m。小枝粗壮，嫩绿色或淡褐色，光滑无毛，花序下的枝直径约 5 mm。叶多密生于枝端，革质，椭圆形或长圆状椭圆形，基部浅心形或圆形，边缘向下反卷，正面深绿色，背面淡黄绿色，两面无毛，侧脉 14 ~ 18 对；叶柄细长，长 1.5 ~ 2.5 cm，上面平坦，下面圆柱状，无毛和腺体。总状伞形花序，有 12 ~ 13 花，总轴长 1.5 ~ 2 cm，有淡黄色绒毛；花梗长 2 cm，有分枝的硬毛；花萼小，5 裂；花冠钟状漏斗形，白色，有紫红色斑点，基部狭窄，5 裂，裂片近于圆形，顶端圆形；雄蕊 10，不等长，花丝基部有疏柔毛；子房圆锥状，长约 6 mm，密被硬毛；柱头微膨大。蒴果圆柱状，常弯曲。花期 5 月。

物种分布：分布于河南伏牛山区；生于海拔 1 800 m 以上的灌丛和林中。河南特有。

叶

叶背面

子房、花柱

花

花序

枝、叶、花

119. 照山白

学　　名： *Rhododendron micranthum* Turcz.

属　　名： 杜鹃花属 *Rhododendron* L.

形态特征： 常绿灌木，高可达 2.5 m，茎灰棕褐色；枝条细瘦。幼枝被鳞片及细柔毛。叶近革质，倒披针形、长圆状椭圆形至披针形，顶端钝，急尖或圆，具小突尖，基部狭楔形，正面深绿色，有光泽，常被疏鳞片，背面黄绿色，被淡或深棕色有宽边的鳞片，鳞片相互重叠、邻接或相距为其直径的角状披针形或披针状线形，外面被鳞片，具缘毛。花冠钟状，白色，长 4～8 mm，外面被鳞片，内面无毛，花裂片 5，较花管稍长；雄蕊 10，花丝无毛；子房 5～6 室，密被鳞片，花柱与雄蕊等长或较短，无鳞片。蒴果长圆形，被疏鳞片。花期 5～6 月；果期 8～11 月。

物种分布： 广布于东北、华北，西至甘肃，河南、四川、湖北，南至山东。河南产于伏牛山、太行山区；生于山坡、山谷树下、路旁灌丛。

花

果序、蒴果

花序

枝、叶

叶

植株

120. 杜鹃

学　　名：*Rhododendron simsii* Planch.

属　　名：杜鹃花属 *Rhododendron* L.

形态特征：落叶灌木，高 2 m 左右，分枝多；枝条细而直，有亮棕色或褐色扁平糙伏毛。叶纸质，卵形、椭圆状卵形或倒卵形，春叶较短，夏叶较长，顶端锐尖，基部楔形，正面有疏糙伏毛，背面的毛较密；叶柄长 3 ~ 5 mm，密生糙伏毛。花 2 ~ 6 朵簇生枝顶；花萼 5 深裂，有密糙伏毛和睫毛；花冠阔漏斗形，玫瑰色、鲜红色或深红色，裂片 5，上部裂片具深红色斑点；花丝中部以下有微毛；子房有密糙伏毛。蒴果卵圆形，有密糙毛。花期 4 ~ 5 月；果熟期 7 ~ 8 月。

物种分布：广布于长江流域各地，东至台湾，西达四川、云南，北至陕西西部。河南产于太行山、伏牛山、大别山和桐柏山区；生于山坡灌丛或林中。

花

花序

枝、叶

枝、叶、花

植株

121. 满山红

学　　名： *Rhododendron mariesii* Hemsl. et Wils.

属　　名： 杜鹃花属 *Rhododendron* L.

保护价值： 中国特有种子植物

形态特征： 落叶灌木，高达 4 m。枝轮生，初被黄棕色柔毛，后无毛。叶常 3 枚集生于枝顶，卵状披针形或椭圆形，中上部有细钝齿，幼时两面被黄棕色长柔毛，后近无毛。花芽卵圆形，芽鳞沿中脊被绢状柔毛，边缘有睫毛；花常 2 朵顶生，先花后叶。花梗直立，被柔毛；花萼环状，被柔毛；花冠漏斗状，淡紫红色，有深色斑点，无毛，5 裂；子房密被淡黄棕色柔毛，花柱无毛。蒴果卵状椭圆形，长约 1.2 cm，果柄直，均密被长柔毛。花期 4 ~ 5 月；果期 6 ~ 11 月。

物种分布： 分布于河北、河南、安徽、江苏、浙江、福建、台湾、江西、湖北、湖南、广东、香港、广西、贵州、云南、四川及陕西。河南产于太行山、大别山、桐柏山及伏牛山区；生于山坡、山谷林下或灌丛中。

蒴果

叶

花

花期

（三十三）安息香科 Styracaceae

122. 芬芳安息香

学　　名：*Styrax odoratissimus* Champ. ex Bentham

属　　名：安息香属 *Styrax* L.

保护价值：河南省重点保护野生植物；中国特有种子植物

形态特征：落叶小乔木，高达 10 m。叶互生，卵形或卵状椭圆形，先端渐尖或尾尖，基部宽楔形或圆形，全缘或上部有疏齿，幼叶两面无毛或疏被星状柔毛，老叶背面脉腋被白色星状长柔毛，余无毛或有时密被黄色星状柔毛。总状或圆锥花序长 5 ~ 8 cm。花白色；小苞片钻形；花萼杯状，膜质，顶端平截、波状或齿裂；花冠裂片椭圆形或倒卵状椭圆形，覆瓦状排列；雄蕊较花冠短，花丝扁平，中部弯曲，全部密被星状柔毛。果近球形，顶端具弯喙。种子卵形，密被褐色鳞片状毛和瘤状突起，稍具皱纹。花期 3 ~ 4 月；果期 6 ~ 9 月。

物种分布：分布于山西南部、河南南部、江苏南部、安徽南部、浙江、福建、江西、湖北、湖南、广东、广西、贵州及四川中南部。河南产于伏牛山、桐柏山及大别山区；生于山谷及山坡疏林中。

叶背面

花

核果

果序

枝、叶

123. 灰叶安息香

学　　名： *Styrax calvescens* Perk.

属　　名： 安息香属 *Styrax* L.

保护价值： 中国特有种子植物

形态特征： 落叶小乔木或灌木，高达 15 m。叶互生，近革质，椭圆形、倒卵形或椭圆状倒卵形，先端渐尖或骤短尖，基部近圆形，中部以上具锯齿，正面疏被星状柔毛或无毛，背面密被灰色星状绒毛和星状柔毛；叶柄长 1～3 mm。总状或圆锥花序，顶生或腋生，多花。花白色；花萼杯状，革质，被星状绒毛和柔毛；花冠裂片长圆形，边缘稍内折，镊合状排列；花丝分离，部分下部被星状长柔毛。果倒卵形，顶端具短尖头。种子无毛。花期 5～6 月；果期 7～8 月。

物种分布： 分布于河南南部、安徽南部、浙江、福建、江西北部、湖北、湖南及广西中东部等。河南产于伏牛山、大别山及桐柏山区；生于山坡或山谷杂木林中。

核果

果序

枝、叶背面、腋芽

枝、叶

124. 老鸹铃

学　　名：*Styrax hemsleyanus* Diels

属　　名：安息香属 *Styrax* L.

保护价值：中国特有种子植物

形态特征：落叶乔木，高 6～10 m。树皮褐色。叶两型，小枝的下部 2 枚叶较小而近对生，上部的叶互生，矩圆状椭圆形至倒卵状椭圆形，脉在下面隆起，第三级小脉近于平行，在叶背面和叶柄上疏生有柄的星状毛。花长约 2 cm，呈长达 13 cm 的总状花序；花冠裂片 5，在花蕾中作覆瓦状排列。果近球形，顶具凸尖；种子表面近平滑。花期 5～6 月；果期 7～9 月。

物种分布：分布于四川、湖北、陕西（秦岭以南）、河南南部等地。河南产于伏牛山及桐柏山、大别山区；生于向阳山坡、疏林中、林缘和灌丛中。

核果

枝、叶背面

枝、叶

花

花序

（三十四）报春花科 Primulaceae

125. 陕西报春

学　　名： *Primula handeliana* W.W. Smith et Forr.

属　　名： 报春花属 *Primula* L.

保护价值： 中国特有种子植物；近危

形态特征： 多年生草本，全株无粉。根状茎短，具多数紫褐色纤维状长根。叶丛基部无鳞片，叶柄叉开；叶矩圆形、椭圆形或卵圆形，稀为披针形；叶柄细瘦，具狭翅，与叶片近等长或长于叶片。花莛高 15 ~ 30 cm；伞形花序 1 ~ 2 轮，每轮 3 ~ 15 花；苞片披针形；花萼筒状，分裂达中部或略超过中部，裂片披针形或矩圆状披针形，先端稍渐尖；花冠黄色，高脚碟状，裂片矩圆形，全缘；冠筒长 12 ~ 13 mm，雄蕊着生处略高于萼筒，花柱长达冠筒口。蒴果长圆体状，稍长于花萼。花期 5 ~ 7 月；果期 7 ~ 8 月。

物种分布： 分布于河南，陕西太白山、佛坪等地。河南产于伏牛山区；生于山坡疏林下和岩石上。

花序

雄蕊、花萼

叶

花

植株

群丛

（三十五）海桐科 Pittosporaceae

126. 秦岭海桐

学　　名：*Pittosporum qinlingense* Y. Ren & X. Liu

属　　名：海桐属 *Pittosporum* Banks ex Gaertn.

保护价值：中国特有种子植物

形态特征：常绿灌木，高 1 ~ 3 m。树皮灰褐色。叶卵状披针形或卵形，长 6 ~ 15 cm，宽 2 ~ 4.5 cm，先端尖或渐尖，基部渐狭，全缘或边缘微波状，革质，两面均无毛，叶柄长 5 ~ 15 mm。花黄色，单生或呈顶生伞房花序；花萼基部稍连合，裂片 5，不等大；花瓣 5，分离；子房无毛，长约 4 mm，柱头近头状。蒴果近球形，长约 2 cm，3 瓣裂，果皮木质，厚 1 ~ 2 mm；种子多数，较小，不规则，呈暗红色。花期 5 月；果熟期 8 ~ 9 月。

物种分布：分布于河南、陕西、湖北、四川等地。河南产于伏牛山南部；生于海拔 1 000 m 以下的山谷沟旁或山坡灌丛中。

叶、蒴果

枝、叶、果实

127. 棱果海桐

学　　名： *Pittosporum trigonocarpum* Lévl.

属　　名： 海桐属 *Pittosporum* Banks ex Gaertn.

保护价值： 中国特有种子植物

形态特征： 常绿乔木或灌木，高 2 ~ 6 m。小枝近轮生，无毛。叶薄革质，狭倒卵形或倒披针形，先端渐尖，基部楔形，全缘，无毛；叶柄长 5 ~ 15 mm。伞形或近伞形花序，无毛；花梗长 1 ~ 2 cm，花淡黄色，有芳香；萼片 5，卵形，长 2 ~ 3.5 mm，疏生睫毛；花瓣 5，无毛；雄蕊 5，花药长 2 mm；子房密生柔毛。蒴果椭圆状球形，有 3 棱，3 瓣裂，果皮木质；种子红褐色。花期 4 ~ 5 月；果熟期 8 ~ 9 月。

物种分布： 分布于河南、广西、贵州、四川、湖北等地。河南产于伏牛山南部及大别山区；生于山坡、山谷。

蒴果

枝、叶

植株

128. 崖花子 菱叶海桐

学　　名： *Pittosporum truncatum* Pritz.

属　　名： 海桐属 *Pittosporum* Banks ex Gaertn.

保护价值： 中国特有种子植物

形态特征： 常绿灌木，高 1 ~ 3 m。小枝圆形，呈轮生状。叶聚生枝端，革质，菱状倒卵形，先端突尾状尖，基部渐狭，全缘或微波状，幼时具柔毛；叶柄常有柔毛。花黄色，呈近顶生伞房花序；花梗细，有短柔毛；苞片针形，膜质，无毛或有毛；萼片 5，卵形，有缘毛；花瓣 5，长椭圆状匙形，中部以下合生；子房密生短柔毛，长约 3 mm。蒴果近球形，稍扁，直径 6 ~ 10 mm，2 瓣裂，果皮革质；种子多数，小型，不规则，暗红色或粉红色。花期 5 月；果熟期 8 ~ 9 月。

物种分布： 分布于河南、陕西、甘肃、湖北、四川、贵州等地。河南伏牛山、桐柏山、大别山区均产；生于山坡及山谷杂木林中。

花

花侧面

蒴果 2 瓣裂

枝、叶

叶背面

枝、叶、蒴果

（三十六）景天科 Crassulaceae

129. 云南红景天　豌豆七

学　　名：*Rhodiola yunnanensis* (Franch.) S. H. Fu

属　　名：红景天属 *Rhodiola* Linn.

保护价值：国家二级重点保护野生植物；中国特有种子植物

形态特征：多年生草本。花茎单生或少数，无毛。3 叶轮生，稀对生，卵状披针形、椭圆形、卵状长圆形或宽卵形，有疏锯齿或近全缘，背面苍白绿色，无柄。聚伞圆锥花序；雌雄异株，稀两性花；雄花萼片 4，花瓣 4，黄绿色，匙形；雌花萼片、花瓣均 4，绿色或紫色，线形；鳞片 4，近半圆形、卵形，叉开，基部合生。蓇葖果星芒状排列，基部 1 mm 合生。花期 5 ~ 7 月；果期 7 ~ 8 月。

物种分布：分布于西藏、云南、四川、贵州、河南及湖北西部等地。河南产于桐柏山及伏牛山区；生于山坡林下。

花序

蓇葖果

茎、叶

植株

（三十七）虎耳草科 Saxifragaceae

130. 山梅花

学　　名： *Philadelphus incanus* Koehne

属　　名： 山梅花属 *Philadelphus* Linn.

保护价值： 中国特有种子植物

形态特征： 落叶灌木，高 1 ~ 3.5 m。幼枝具毛，后脱落，老枝褐色，片状剥裂。叶卵形或狭卵形，在萌发枝上者有时长达 10 cm，先端尖或短渐尖，基部宽楔形或近圆形，边缘疏生小锯齿，表面无毛或疏生伏毛，背面密生长柔毛或粗硬毛。总状花序具 7 ~ 11 花；花白色；花梗有柔毛；萼密生灰色长柔毛，裂片 4，三角状卵形，先端锐尖，边缘及内面沿边缘有短柔毛；花瓣 4，倒卵形，基部有加厚的短爪；雄蕊多数；花柱上部 4 裂，无毛。蒴果倒卵形；种子扁平，长圆状纺锤形。花期 5 ~ 6 月；果熟期 7 ~ 8 月。

物种分布： 分布于陕西、甘肃、青海、湖北、河南、四川等地。河南太行山、伏牛山、桐柏山及大别山区均产；生于山坡灌丛或山谷溪旁。

蒴果

萼外糙伏毛

花

花序

叶背面

叶背面粗毛

枝、叶

（三十八）蔷薇科 Rosaceae

131. 唐棣

学　　名： *Amelanchier sinica* (Schneid.) Chun

属　　名： 唐棣属 *Amelanchier* Medik.

保护价值： 中国特有种子植物

形态特征： 落叶乔木，高 3 ~ 5 m，少数达 15 m。小枝细长，无毛或近于无毛，紫褐色或黑褐色。叶卵形或长椭圆形，先端急尖，基部圆形，少数近心形或宽楔形，常在中部以上有细锐锯齿，基部全缘，幼时下面沿叶脉有稀疏长柔毛，老时无毛；叶柄长 1 ~ 2 cm。总状花序多花，长 4 ~ 5 cm，总花梗和花梗皆无毛；花梗长 8 ~ 28 mm；花白色，直径 3 ~ 4.5 cm。梨果近球形或扁圆形，直径约 1 cm，蓝黑色，分 6 ~ 10 室，各室含种子 1 枚，萼裂片宿存。花期 5 月；果期 9 ~ 10 月。

物种分布： 分布于陕西、四川、甘肃、湖北、河南等地。河南产于伏牛山、太行山、桐柏山、大别山区；生于海拔 1 000 m 以上的山坡疏林中。

梨果

花

枝、叶

枝、叶、花序

132. 河南海棠

学　　名： *Malus honanensis* Rehd.

属　　名： 苹果属 *Malus* Mill.

保护价值： 河南省重点保护野生植物；中国特有种子植物；近危

形态特征： 落叶灌木或小乔木，高 5 ~ 7 m。小枝细弱，幼时有毛；老枝红褐色，无毛。叶宽卵形至长椭圆状卵形，长 4 ~ 7 cm，宽 3.5 ~ 6 cm，先端急尖，基部圆形、心脏形或截形，常 7 ~ 13 浅裂，边缘有尖锐重锯齿，背面疏生短绒毛；叶柄疏生柔毛。伞房花序有 5 ~ 10 花；花梗幼时有毛，后脱落；花粉红色，直径约 1.5 cm；萼筒疏生柔毛，裂片三角状卵形，较萼筒短；花瓣近圆形；雄蕊比花瓣短，花柱 3 ~ 4，无毛。果实近球形，直径约 8 mm，红黄色；萼裂片宿存；果梗长 2 ~ 3 cm。花期 4 ~ 5 月；果熟期 8 ~ 9 月。

物种分布： 分布于河南、河北、山西、陕西、甘肃等地。河南太行山和伏牛山区均产；生于山坡或山谷杂木林中。

梨果

果序

花

叶

枝、叶背面、果序

叶、花序

枝、叶、果实

133. 湖北海棠

学　　名： *Malus hupehensis* (Pamp.) Rehd.

属　　名： 苹果属 *Malus* Mill.

保护价值： 中国特有种子植物

形态特征： 落叶乔木，高达 8 m。小枝紫色或紫褐色，初有短柔毛，后脱落。叶卵形至卵状椭圆形，先端渐尖，基部圆形或宽楔形，边缘有细锐锯齿，背面幼时沿脉有细毛，后无毛；叶柄长 1～3 cm。近伞形花序有花 4～6；花梗长 3～6 cm，无毛；花粉白色或近白色，直径 3.5～4 cm；萼裂片三角状卵形，渐尖或急尖，约与萼筒等长或稍短；花瓣倒圆卵形；雄蕊 20，长为花瓣之半；花柱 3，稀 4 个。果实椭圆形或近球形，黄绿色，稍有红晕；萼裂片脱落；果梗长 2～4 cm。花期 4～5 月；果熟期 8～9 月。

物种分布： 分布于湖北、湖南、江西、江苏、浙江、安徽、福建、广东、甘肃、陕西、河南、山西、山东、四川、云南、贵州等地。河南太行山、伏牛山、大别山和桐柏山区均产；生于山坡或山谷杂木林中。

花

果序、梨果

叶、果实

叶背面

叶

叶、花序

134. 陇东海棠

学　　名：*Malus kansuensis* (Batal.) Schneid.

属　　名：苹果属 *Malus* Mill.

保护价值：中国特有种子植物

形态特征：落叶灌木至小乔木，高 5 ~ 10 m。小枝粗壮，幼时有短柔毛，后脱落，紫褐色或暗褐色。叶卵形或宽卵形，基部圆形或截形，边缘有细锐重锯齿，通常 3 浅裂，两面均有短柔毛，尤以背面为密；叶柄长 1.5 ~ 5 cm，疏生短柔毛。伞形总状花序有花 4 ~ 10；花梗长 2.5 ~ 3.5 cm；花白色；萼筒外面密生长柔毛，萼裂片内外均有柔毛；雄蕊 20；花柱 3，稀 4 或 2。梨果椭圆形或倒卵形，直径 1 ~ 1.5 cm，黄红色，萼裂片脱落。花期 5 ~ 6 月；果期 7 ~ 8 月。

物种分布：分布于河南、陕西、甘肃、青海、四川及贵州。河南产于伏牛山区；生于海拔 1 500 m 以上的山坡、山谷或灌丛中。

果序、梨果

花序

叶、花序

135. 高丛珍珠梅　野生珍珠梅

学　　名：*Sorbaria arborea* Schneid.

属　　名：珍珠梅属 *Sorbaria* (Ser.) A. Braun

保护价值：中国特有种子植物

形态特征：落叶灌木，高达 6 m，枝条开展。小枝圆柱形，稍有棱角，幼时黄绿色，老时暗红褐色。羽状复叶，小叶片 13 ~ 17，连叶柄长 20 ~ 32 cm，微被短柔毛或无毛；小叶片对生，边缘有重锯齿，无毛或下面微具星状绒毛；小叶柄短或几无柄；托叶三角卵形，无毛或近于无毛。顶生大型圆锥花序，分枝开展，总花梗与花梗微具星状柔毛；苞片线状披针形至披针形，微被短柔毛；花直径 6 ~ 7 mm；萼筒浅钟状，内外两面无毛，萼片长圆形至卵形，先端钝，稍短于萼筒；花瓣近圆形，白色；雄蕊 20 ~ 30，着生在花盘边缘，约长于花瓣 1.5 倍；心皮 5；无毛，花柱长不及雄蕊的一半。蓇葖果圆柱形，无毛，花柱在顶端稍下方向外弯曲；萼片宿存，反折，果梗弯曲，果实下垂。花期 6 ~ 7 月；果期 9 ~ 10 月。

物种分布：分布于陕西、甘肃、新疆、湖北、河南、江西、四川、云南、贵州、西藏等地。河南太行山、伏牛山、大别山区均产；生于山坡灌丛或山谷溪旁。

花

植株

花期

136. 华北珍珠梅

学　　名： *Sorbaria kirilowii* (Regel) Maxim.

属　　名： 珍珠梅属 *Sorbaria* (Ser.) A. Braun

保护价值： 中国特有种子植物

形态特征： 落叶灌木，高达 3 m。枝圆柱形，无毛，开展。羽状复叶，连叶柄长 21 ~ 25 cm；小叶 13 ~ 21，披针形至长圆状披针形，边缘具尖锐重锯齿，两面无毛或仅背面脉腋簇生短柔毛，侧脉 15 ~ 23 对，近于平行；小叶柄短或近无柄；托叶线状披针形，先端尖或钝，全缘或顶端稍有锯齿，无毛。顶生圆锥花序紧密，分枝斜展或直立，微被白粉；苞片线状披针形；花白色；萼筒两面均无毛，与萼筒近等长；花瓣倒卵形或宽卵形，先端圆钝；雄蕊与花瓣等长或稍短，生于花盘边缘。蓇葖果长圆柱形，无毛，花柱稍侧生，反折；萼片反折，果梗直立。花期 5 ~ 6 月；果熟期 8 ~ 9 月。

物种分布： 分布于河北、河南、山东、山西、陕西、甘肃、青海、内蒙古等地。河南太行山、伏牛山、大别山、桐柏山区均产；生于山坡灌丛或山谷溪旁。

蓇葖果

花序（蕾期）

花

枝、叶、花

137. 北京花楸

学　　名： *Sorbus discolor* (Maxim.) Maxim.

属　　名： 花楸属 *Sorbus* L.

保护价值： 中国特有种子植物

形态特征： 落叶乔木，高约 10 m。小枝紫褐色，无毛，具稀疏皮孔。冬芽长圆状卵形，无毛或疏生短柔毛。奇数羽状复叶，小叶 11 ~ 15，长圆形或长圆状披针形，先端急尖或短渐尖，基部斜楔形或近圆形，边缘近基部或 1/3 以上有细锐锯齿，与叶轴无毛；托叶宿存，草质，有粗齿。复伞房花序较稀疏，总花梗和花梗无毛；花白色，直径约 1 cm。果实卵形，白色或黄色；萼裂片闭合宿存。花期 5 月；果熟期 9 ~ 10 月。

物种分布： 分布于河北、河南、山西、山东、甘肃、内蒙古等地。河南太行山和伏牛山区均产；生于山坡杂木林中。

果序、梨果

叶

枝、叶、花序

138. 湖北花楸

学　　名：*Sorbus hupehensis* Schneid.

属　　名：花楸属 *Sorbus* L.

保护价值：中国特有种子植物

形态特征：落叶乔木，高 5 ~ 10 m。小枝暗灰褐色，幼时疏生白色绒毛，后脱落。奇数羽状复叶，小叶 11 ~ 17，长圆状披针形或卵状披针形，先端急尖或短渐尖，基部 1/3 或 1/2 以上有锐锯齿，无毛或背面沿中脉有白色绒毛；托叶小，早落。复伞房花序有多花，总花梗和花梗无毛或疏生白色绒毛；花梗长 3 ~ 5 mm；花白色；花瓣圆卵形；雄蕊 20；花柱 4 ~ 5。果实球形，白色；萼片闭合宿存。花期 4 ~ 5 月；果熟期 9 ~ 10 月。

梨果

物种分布：分布于湖北、江西、安徽、山东、河南、四川、贵州、陕西、甘肃、青海等地。河南伏牛山和大别山区均产；生于山坡或山谷杂木林中。

花序

枝、叶

叶背面

139. 陕甘花楸

学　　名：*Sorbus koehneana* Schneid.

属　　名：花楸属　*Sorbus* L.

保护价值：中国特有种子植物

形态特征：落叶灌木或小乔木。小枝无毛。冬芽无毛或顶端有褐色柔毛。奇数羽状复叶，小叶 8 ~ 12 对，长圆形或长圆状披针形，先端钝圆或急尖，基部偏斜圆，每侧有尖锐锯齿 10 ~ 14，正面无毛，背面中脉有疏柔毛或近无毛，无乳头状突起；叶轴两面微具窄翅，有疏柔毛或近无毛，托叶草质，披针形，有锯齿，早落。复伞房花序，有疏白色柔毛。花萼无毛，萼片三角形，先端钝圆；花瓣宽卵形，白色，内面微具柔毛或近无毛；花柱 5，几与雄蕊等长，基部微具柔毛或无毛。果球形，白色，具宿存萼片。花期 5 ~ 6 月；果期 8 ~ 9 月。

物种分布：分布于山西、河南、陕西、甘肃、青海、湖北、四川等地。河南产于伏牛山区；生于山坡杂木林中。

花序

果序

梨果

花

叶背面

枝、叶、花序

140. 石灰花楸

学　　名：*Sorbus folgneri* (Schneid.) Rehd.

属　　名：花楸属 *Sorbus* L.

保护价值：中国特有种子植物

形态特征：落叶乔木，高约 10 m。小枝黑褐色，具少数皮孔；幼枝、叶柄、叶背面、总花梗、花梗及萼筒外面均密生白色绒毛。叶卵形至椭圆形，先端急尖或短渐尖，基部宽楔形或圆形，边缘有细锐单锯齿，侧脉 8 ~ 12 对，近平行，达齿尖；叶柄长 5 ~ 15 mm。复伞房花序有多花，直径 5 ~ 8 cm；花梗长 5 ~ 8 mm；花白色，直径 7 ~ 10 mm；雄蕊 20，与瓣等长或过之；花柱 2 ~ 3，近基部连合并有绒毛。梨果椭圆形，红色，近平滑或有少数不明显的细小斑点，萼裂片脱落后留有圆穴。花期 4 ~ 5 月；果熟期 8 ~ 9 月。

物种分布：分布于陕西、甘肃、河南、湖北、湖南、江西、安徽、广东、广西、贵州、四川、云南等地。河南伏牛山、大别山和桐柏山区均产；生于山坡杂木林中。

枝、叶

梨果

叶背面

叶

枝、叶、花序

141. 野蔷薇

学　　名： *Rosa multiflora* Thunb.

属　　名： 蔷薇属 *Rosa* L.

形态特征： 攀缘灌木。小枝圆柱形，通常无毛，有短、粗稍弯曲皮束。小叶 5～9，近花序的小叶有时 3，小叶片倒卵形、长圆形或卵形，先端急尖或圆钝，基部近圆形或楔形，边缘有尖锐单锯齿，稀混有重锯齿，正面无毛，背面有柔毛；小叶柄和叶轴有柔毛或无毛，有散生腺毛；托叶篦齿状，大部分贴生于叶柄，边缘有或无腺毛。花多朵，排成圆锥状花序，花梗无毛或有腺毛，有时基部有篦齿状小苞片；花直径 1.5～2 cm，萼片披针形，有时中部具 2 个线形裂片，外面无毛，内面有柔毛；花瓣白色，宽倒卵形，先端微凹，基部楔形；花柱结合成束，无毛，比雄蕊稍长。果近球形，红褐色或紫褐色，有光泽，无毛，萼片脱落。

物种分布： 分布于江苏、山东、河南、安徽、湖北、陕西等地。河南各山区均产；生于山坡、林下、路边等处。

蔷薇果

花

花序

托叶

枝、叶

枝、叶、刺

142. 粉团蔷薇

学　　名： *Rosa multiflora* var. *cathayensis* Rehd. et Wils.

属　　名： 蔷薇属 *Rosa* L.

形态特征： 本变种花为粉红色，单瓣。

物种分布： 分布于河北、河南、山东、安徽、浙江、甘肃、陕西、江西、湖北、广东、福建等地。河南各山区均产；多生于山坡、灌丛或河边等处。

枝、刺、叶、托叶

蔷薇果

花、雌雄蕊

花

花期

花序

植株

143. 小果蔷薇　山木香

学　　名： *Rosa cymosa* Tratt.

属　　名： 蔷薇属 *Rosa* L.

形态特征： 攀缘灌木，高 2～5 m。小枝圆柱形，无毛或稍有柔毛，有钩状皮刺。小叶 3～5，稀 7；小叶片边缘有紧贴或尖锐细锯齿，两面均无毛，中脉突起，沿脉有稀疏长柔毛；小叶柄和叶轴无毛或有柔毛，有稀疏皮刺和腺毛；托叶膜质，离生，线形，早落。花多朵集成复伞房花序；花直径 2～2.5 cm，花梗幼时密被长柔毛，老时逐渐脱落近于无毛；萼片卵形，先端渐尖，常有羽状裂片，外面近无毛，稀有刺毛，内面被稀疏白色绒毛，沿边缘较密；花瓣白色，倒卵形，先端凹，基部楔形；花柱离生，稍伸出花托口外，与雄蕊近等长，密被白色柔毛。果球形，红色至黑褐色，萼片脱落。花期 5～6 月；果期 7～11 月。

果序、蔷薇果

物种分布： 分布于江西、江苏、浙江、安徽、湖南、四川、云南、贵州、福建、广东、广西、台湾等地。河南大别山、桐柏山、伏牛山区均产；多生于向阳山坡、路旁、溪边或丘陵地。本种作为嫁接树状月季的砧木，野生资源破坏较为严重。

枝、叶、刺

花

花序

茎、皮

花期

144. 软条七蔷薇　湖北蔷薇

学　　名： *Rosa henryi* Bouleng.

属　　名： 蔷薇属 *Rosa* L.

保护价值： 中国特有种子植物

形态特征： 灌木，高 3 ~ 5 m，有长匍枝。小枝有短扁、弯曲皮刺或无刺。小叶通常 5，近花序小叶片常为 3；小叶片边缘有锐锯齿，两面均无毛，下面中脉突起；小叶柄和叶轴无毛，有散生小皮刺；托叶大部分贴生于叶柄，离生部分披针形，先端渐尖，全缘，无毛，或有稀疏腺毛。花 5 ~ 15 朵，成伞形伞房状花序；花直径 3 ~ 4 cm；花梗和萼筒无毛，有时具腺毛，萼片披针形，全缘，有少数裂片，外面近无毛而有稀疏腺点，内面有长柔毛；花瓣白色，宽倒卵形，先端微凹；花柱结合成柱，被柔毛，比雄蕊稍长。果近球形，成熟后褐红色，有光泽，果梗有稀疏腺点；萼片脱落。花期 4 ~ 7 月；果期 7 ~ 9 月。

物种分布： 分布于陕西、河南、安徽、江苏、浙江、江西、福建、广东、广西、湖北、湖南、四川、云南、贵州等地。河南产于大别山、桐柏山、伏牛山区；生于山谷、林边、田边或灌丛中。

果序

托叶，贴生于叶柄，宿存

花

叶

枝、叶

145. 钝叶蔷薇

学　　名：*Rosa sertata* Rolfa

属　　名：蔷薇属 *Rosa* L.

保护价值：中国特有种子植物

形态特征：灌木，高 1 ~ 2 m。小枝圆柱形，细弱，无毛，散生直立皮刺或无刺。小叶 7 ~ 11，连叶柄长 5 ~ 8 cm，小叶片广椭圆形至卵状椭圆形，先端急尖或圆钝，基部近圆形，边缘有尖锐单锯齿，近基部全缘，两面无毛，或下面沿中脉有稀疏柔毛，中脉和侧脉均突起；小叶柄和叶轴有稀疏柔毛、腺毛和小皮刺；托叶大部分贴生于叶柄，离生部分耳状，卵形，无毛，边缘有腺毛。花单生或 3 ~ 5 朵，排成伞房状；小苞片 1 ~ 3；花梗长 1.5 ~ 3 cm，花梗和萼筒无毛，或有稀疏腺毛；花直径 2 ~ 3.5 cm；萼片卵状披针形，先端延长成叶状，全缘，外面无毛，内面密被黄白色柔毛，边缘较密；花瓣粉红色或玫瑰色，比萼片短；花柱离生，被柔毛，比雄蕊短。果卵球形，顶端有短颈，深红色。花期 6 月；果期 8 ~ 10 月。

物种分布：分布于甘肃、陕西、山西、河南、安徽、江苏、浙江、江西、湖北、四川、云南等地。河南产于伏牛山、大别山、桐柏山、太行山区；多生于山坡、路旁、沟边或疏林中。

花、雌雄蕊

花

叶背面、托叶

叶

146. 华西蔷薇　红果蔷薇

学　　名：*Rosa moyesii* Hemsl.

属　　名：蔷薇属 *Rosa* L.

保护价值：中国特有种子植物

形态特征：灌木，高 1 ~ 4 m。小枝圆柱形，无毛或有稀疏短柔毛，有直立或稍弯曲、扁平而基部稍膨大皮刺，稀无刺。小叶 7 ~ 13；小叶片卵形、椭圆形或长圆状卵形，基部近圆形或宽楔形，边缘有尖锐单锯齿，正面无毛，背面中脉和侧脉均突起，沿脉有柔毛；小叶柄和叶轴有短柔毛、腺毛和散生小皮刺；托叶宽平，大部分贴生于叶柄，离生部分长卵形，先端急尖，无毛，边缘有腺齿。花单生或 2 ~ 3 朵簇生；苞片 1 或 2；花梗长 1 ~ 3 cm，花梗和萼筒通常有腺毛，稀光滑；花直径 4 ~ 6 cm；萼片卵形，先端延长成叶状而有羽状浅裂，外面有腺毛，内面被柔毛；花瓣深红色，宽倒卵形，先端微凹不平，基部宽楔形；花柱离生，被柔毛，比雄蕊短。果长卵圆球形或卵球形，先端有短颈，紫红色，外面有腺毛，萼片直立宿存。花期 6 ~ 7 月；果期 8 ~ 10 月。

物种分布：分布于云南、四川、陕西、河南等地。河南产于伏牛山、太行山区；多生于山坡或灌丛中。

花

花序

枝、叶、花

147. 陕西蔷薇

学　　名： *Rosa giraldii* Crép.

属　　名： 蔷薇属 *Rosa* L.

保护价值： 中国特有种子植物

形态特征： 灌木，高达 2 m。小枝细弱，直立而开展，有疏生直立皮刺。小叶 7 ~ 9；小叶片近圆形，倒卵形，卵形或椭圆形，边缘有锐单锯齿，基部近全缘，正面无毛，背面有短柔毛或至少在中肋上有短柔毛；小叶柄和叶轴有散生的柔毛、腺毛和小皮刺；托叶大部分贴生于叶柄，离生部分卵形，边缘有腺齿。花单生或 2 ~ 3 朵簇生；苞片 1 ~ 2；花梗短，长不超过 1 cm，花梗和萼筒有腺毛；花直径 2 ~ 3 cm；萼片卵状披针形，先端延长成尾状，全缘或有 1 ~ 2 裂片，外面有腺毛，内面被短柔毛；花瓣粉红色，宽倒卵形，先端微凹，基部楔形；花柱离生，密被黄色柔毛，比雄蕊短。果卵球形，先端有短颈，暗红色，有或无腺毛，萼片常直立宿存。花期 5 ~ 7 月；果期 7 ~ 10 月。

花

物种分布： 分布于山西、河南、陕西、甘肃、湖北、四川等地。河南产于太行山、伏牛山区；多生于山坡或灌丛中。

托叶

蔷薇果

叶背面

枝、叶、花序

（三十九）豆科 Fabaceae

148. 柄荚锦鸡儿

学　　名： *Caragana stipitata* Kom.

属　　名： 锦鸡儿属 *Caragana* Fabr.

保护价值： 中国特有种子植物；濒危

形态特征： 落叶灌木，高达 2 m。老枝深灰褐色或淡褐色，有光泽；幼枝被短柔毛。羽状复叶，有小叶 4 ~ 6 对；托叶针刺状，脱落或宿存；叶轴长 3 ~ 7 cm，长枝与短枝上的均脱落；小叶长圆形、椭圆形或卵状披针形，两端锐尖或近圆形，具刺尖，幼时密被绢毛。花单生，花梗长 0.6 ~ 1.5 cm，关节在上部，被毛；花萼钟状，密被绢毛，后渐脱落，萼齿三角形，先端钝；花冠黄色，旗瓣菱状宽卵形，瓣柄长为瓣片的 1/3，龙骨瓣的瓣柄稍长于瓣片；子房密被绢毛，具柄。荚果披针形，扁，基部具柄，柄与宿萼近等长或稍长。

物种分布： 分布于河北、山西、陕西、甘肃、河南等地。河南产于太行山、伏牛山区；生于海拔 1 000 m 以上的山坡、沟谷、灌丛或林缘。

荚果、子房柄

荚果、子房柄、花萼

枝、叶

花

托叶刺

叶、花序

149. 湖北紫荆

学　　名： *Cercis glabra* Pampan.

属　　名： 紫荆属 *Cercis* Linn.

保护价值： 中国特有种子植物

形态特征： 落叶乔木，高 6 ~ 16 m，胸径达 30 cm。树皮和小枝灰黑色。叶较大，厚纸质或近革质，心脏形或三角状圆形，幼叶常呈紫红色，成长后绿色，正面光亮，背面无毛或基部脉腋间常有簇生柔毛；基脉 5 ~ 7。总状花序短，有花数朵至十余朵；花淡紫红色或粉红色，先于叶或与叶同时开放，稍大，花梗细长。荚果狭长圆形，紫红色，先端渐尖，基部圆钝，二缝线不等长，背缝稍长，向外弯拱，少数基部渐尖而缝线等长；种子 1 ~ 8 枚，近圆形，扁。花期 3 ~ 4 月；果期 9 ~ 11 月。

物种分布： 分布于湖北、河南、陕西、四川、云南、贵州、广西北部、广东、湖南、浙江、安徽等地。河南伏牛山区均产；生于山坡或山沟杂木林中或路边、岩石上。

果序、荚果

花

枝、叶

花期

150. 黄檀

学　　名： *Dalbergia hupeana* Hance

属　　名： 黄檀属 *Dalbergia* L. f.

保护价值： 近危

形态特征： 落叶乔木，高 10 ~ 17 m。树皮灰色，呈鳞状剥落。小叶 9 ~ 11，革质，长圆形或宽椭圆形，长 3 ~ 5.5 cm，宽 1.5 ~ 3 cm，先端钝，微凹，基部圆形；叶轴及小叶柄有白色柔毛；托叶早落。圆锥花序顶生或腋生；花梗有锈色疏毛；萼钟状，有锈色柔毛；花冠淡紫色或白色，旗瓣圆形，先端微凹，有短爪，翼瓣、龙骨瓣与旗瓣近等长，均有爪。荚果长圆形，扁平。花期 7 月；果熟期 8 ~ 9 月。

物种分布： 分布于河南、山东、江苏、安徽、浙江、江西、福建、湖北、湖南、广东、广西、四川、贵州、云南等地。河南太行山、伏牛山、大别山和桐柏山区均产；生于山坡灌丛或疏林中。

果序、荚果

叶

枝、叶

花

151. 野皂荚

学　　名：*Gleditsia microphylla* Gordon ex Y. T. Lee

属　　名：皂荚属 *Gleditsia* L.

保护价值：中国特有种子植物

形态特征：落叶灌木或小乔木，高达 4 m。幼枝被短柔毛；刺长 1.5 ~ 6.5 cm。叶为一回或二回羽状复叶，羽片 2 ~ 4 对；小叶 5 ~ 12 对，斜卵形或长椭圆形，先端圆钝，基部偏斜，宽楔形，全缘，正面无毛，背面被短柔毛。叶脉在两面均不清晰。花杂性，绿白色，近无梗，簇生，组成穗状花序或顶生圆锥花序；花瓣 4，两面被毛，子房具长柄，无毛。荚果斜椭圆形，长 3 ~ 6 cm，红棕色或深褐色，无毛，果颈长 1 ~ 2 cm。具 1 ~ 3 枚种子。花期 6 ~ 7 月；果期 7 ~ 10 月。

物种分布：分布于河北、山东、河南、山西、陕西、江苏、安徽等地。河南产于太行山和伏牛山区北部；生于山坡阳处或路边。

荚果

叶

枝刺

植株

152. 皂荚

学　　名：*Gleditsia sinensis* Lam.

属　　名：皂荚属 *Gleditsia* J. Clayton

保护价值：中国特有种子植物

形态特征：落叶乔木，高达 15 m。刺粗壮，圆柱形，常有分枝。羽状复叶互生或于短枝上簇生；小叶 6～14，长卵形、长椭圆形至卵状披针形，长 3～8 cm，宽 1.5～3.5 cm，先端钝或渐尖，基部斜圆形或斜楔形，边缘有细钝锯齿，无毛。总状花序，腋生；萼钟状，裂片 4，披针形；花瓣 4，白色，雄蕊 6～8；子房线形，沿腹缝线有毛。荚果长 12～30 cm，宽 2～4 cm，微厚，黑棕色，被白粉。花期 4～5 月；果熟期 8～9 月。

物种分布：分布于东北、华北、华东、华南及河南、四川、贵州等地。河南太行山、伏牛山、大别山和桐柏山区均产；生于路旁、沟边、村旁。

荚果

花序

叶

花

枝、刺

枝、叶、枝刺

植株

153. 野大豆

学　　名： *Glycine soja* Sieb. et Zucc.

属　　名： 大豆属 *Glycine* Willd.

保护价值： 国家二级重点保护野生植物

形态特征： 一年生缠绕草本。茎细长，有黄色长硬毛。小叶 3，顶生小叶卵状披针形，先端急尖，基部圆形，两面有白色短柔毛。侧生小叶斜卵状披针形；托叶卵状披针形，有黄色柔毛。总状花序腋生；花梗密生黄色长硬毛；萼钟状，有毛；花冠紫红色，长约 4 mm。荚果线状长圆形，密生黄色硬毛；种子黑色。花期 6 ~ 7 月；果熟期 9 ~ 10 月。

荚果

物种分布： 分布于东北及河北、山东、河南、甘肃、陕西、四川、安徽、湖南、湖北等地。河南各地均产；多生于山野灌丛、草地或河岸草丛中。

花

花序

茎、叶

154. 华山马鞍树

学　　名：*Maackia hwashanensis* W. T. Wang

属　　名：马鞍树属 *Maackia* Rupr.

保护价值：中国特有种子植物

形态特征：落叶小乔木，高约 2 m。小枝灰褐色，幼时有淡黄灰色柔毛，后脱落，变为紫褐色；芽卵形，先端急尖，被淡灰黄色柔毛，尤以先端较密。羽状复叶；叶轴无毛或微被毛；小叶 4 ~ 5 对，椭圆状卵形或卵状长椭圆形，幼叶两面有短贴毛，后正面光滑无毛，背面被平伏、宿存灰色短毛；小叶柄密被白色短柔毛。总状花序长 3.4 ~ 4.5 cm，单生或 2 个集生枝顶；总花梗及花梗均被褐色短毛；花长约 1 cm；花梗长约 4 mm；萼齿三角形；花冠白色。果序长 5.5 ~ 11 cm；荚果扁平，不规则长椭圆形或卵状椭圆形，先端有喙状短尖头，幼果被毛，后脱落；果柄长 6 ~ 7 mm，被短柔毛。花期 7 ~ 8 月；果期 8 ~ 9 月。

物种分布：分布于陕西、河南等地。河南产于伏牛山、大别山区；生于山谷、山顶、山坡林中。

花序

叶

枝、叶

（四十）瑞香科 Thymelaeaceae

155. 凹叶瑞香

学　　名：*Daphne retusa* Hemsl.

属　　名：瑞香属 *Daphne* L.

形态特征：常绿灌木，高 0.3 ~ 1 m。幼枝密被灰黄色或灰褐色刚伏毛，老枝无毛。叶互生，革质，矩圆形至矩圆状倒披针形，边缘反卷，先端钝，通常有凹缺，基部楔形。头状花序顶生，具总苞，苞片常为矩圆形，边缘有睫毛，总花梗和花梗极短，被褐色糙伏毛；花被筒状，无毛，长约 16 mm，外面浅红紫色，内面白色，有芳香，裂片 4，白色或微红色，矩圆状卵形，顶部锐尖，无毛；雄蕊 8，2 轮，分别着生花被筒的上部及中部；子房矩圆状。核果卵形，熟时鲜红色，无果柄。花期 4 ~ 5 月；果期 6 ~ 7 月。

物种分布：分布于陕西、河南、甘肃、青海、湖北、四川、云南、西藏等地。河南产于伏牛山区；生于海拔 1 400 m 以上的山坡、山沟林下。

核果

叶背面

花序、花

枝、叶、果实

（四十一）山茱萸科 Cornaceae

156. 四照花

学　　名： *Cornus kousa* subsp. *chinensis* (Osborn) Q. Y. Xiang

属　　名： 山茱萸属 *Cornus* L.

形态特征： 落叶小乔木，高 5 ~ 8 m。嫩枝被白色柔毛，二年生枝灰褐色，无毛或近无毛。叶纸质或厚纸质，卵形或卵状椭圆形，先端渐尖，基部圆形或宽楔形，常稍偏斜，正面疏被白色柔毛，背面粉绿色，除被白色柔毛外，脉腋有时具白色或黄色簇毛，侧脉 4 ~ 5 对；叶柄被柔毛。头状花序球形；花苞 4，白色，卵形或卵状披针形；花黄色。果序球形，成熟时红色；总果柄纤细。花期 5 ~ 6 月；果熟期 8 ~ 9 月。

物种分布： 分布于河南、陕西、山西、安徽、湖北西部及四川北部等地。河南产于伏牛山和大别山、桐柏山、太行山区；生于山坡或山沟杂木林中。

聚花果

枝、叶

枝、叶背面

头状花序、花瓣状总苞片

花期

157. 山茱萸

学　　名： *Cornus officinalis* Sieb. et Zucc.

属　　名： 山茱萸属 *Cornus* L.

保护价值： 近危

形态特征： 落叶灌木或乔木。枝黑褐色。叶对生，卵形至椭圆形，稀卵状披针形，顶端渐尖，基部楔形，正面疏生平贴毛，背面毛较密，侧脉 6 ~ 8 对，脉腋具黄褐色髯毛。伞形花序先叶开花，腋生，下具 4 枚小型苞片，苞片卵圆形，褐色；花黄色；花萼 4 裂，裂片宽三角形；花瓣 4，卵形；花盘环状，肉质；子房下位。核果椭圆形，成熟时红色。花期 3 ~ 4 月；果熟期 9 ~ 10 月。

物种分布： 分布于山东、陕西、河南、山西、甘肃、浙江、安徽、湖南等地。河南大别山、桐柏山、太行山、伏牛山区广泛栽培；生于山坡、林缘、林中或栽于村旁。

花

花序

核果

果期

枝、叶

158. 青荚叶

学　　名：*Helwingia japonica* (Thunb.) Dietr.

属　　名：青荚叶属 *Helwingia* Willd.

形态特征：落叶灌木，高 1 ~ 2 m。幼枝绿色，无毛，叶痕显著。叶纸质，卵形、卵圆形，稀椭圆形，先端渐尖，极稀尾状渐尖，基部阔楔形或近于圆形，边缘具刺状细锯齿；叶正面亮绿色，背面淡绿色；中脉及侧脉在上面微凹陷，下面微突出；托叶线状分裂。花淡绿色，3 ~ 5 数，花萼小；雄花 4 ~ 12，呈伞形或密伞花序，常着生于叶正面中脉的 1/3 ~ 1/2 处，稀着生于幼枝上部；雌花 1 ~ 3，着生于叶正面中脉的 1/3 ~ 1/2 处。浆果幼时绿色，成熟后黑色，分核 3 ~ 5。花期 4 ~ 5 月；果期 8 ~ 9 月。

物种分布：广布于黄河流域以南各地。河南产于伏牛山和大别山区；生于山沟和山坡丛林中。

浆果状核果

叶、花序

叶（1）

叶（2）

（四十二）蛇菰科 Balanophoraceae

159. 红冬蛇菰 宜昌蛇菰

学　　名： *Balanophora harlandii* Hook. f.

属　　名： 蛇菰属 *Balanophora* Forst. et Forst. f.

形态特征： 多年生草本，高 2.5 ~ 9 cm。根茎苍褐色，扁球形或近球形，干时脆壳质，直径 2.5 ~ 5 cm，分枝或不分枝，表面粗糙，密被小斑点，呈脑状皱褶；花茎淡红色；鳞苞片 5 ~ 10，多少肉质，红色或淡红色，长圆状卵形，聚生于花茎基部，呈总苞状。花雌雄异株；花序近球形或卵圆状椭圆形；雄花序轴有凹陷的蜂巢状洼穴；雄花 3 数；花被裂片 3，阔三角形；雌花的子房黄色，卵形，通常无子房柄，着生于附属体基部或花序轴表面上，花柱丝状。花期 7 ~ 9 月。

物种分布： 分布于河南、陕西、湖北等地。河南产于大别山、伏牛山区南部；寄生于木本植物的根上。

雌花序

雄花序

雌株

（四十三）卫矛科 Celastraceae

160. 苦皮藤

学　　名： *Celastrus angulatus* Maxim.

属　　名： 南蛇藤属 *Celastrus* L.

保护价值： 中国特有种子植物

形态特征： 落叶藤本，长约达 7 m。小枝褐色，有 4 ~ 6 锐棱，皮孔明显，髓心片状。叶近革质，长圆状宽卵形或近圆形，先端常具短尾尖，基部阔楔形，边缘有粗钝锯齿，背面脉上有疏毛；叶柄粗壮，长 1 ~ 3 cm。聚伞状圆锥花序顶生，下部分枝较上部的长；花梗粗壮有棱；花黄绿色，直径约 5 mm，5 数。果序长达 20 cm，果柄粗短；蒴果黄色，近球形，直径达 1.2 cm；每室有种子 2 枚，具红色假种皮。花期 6 月；果熟期 9 月。

物种分布： 分布于河北、山东、河南、陕西、甘肃、江苏、安徽、江西、湖北、湖南、四川、贵州、云南、广东、广西等地。河南产于太行山、伏牛山、大别山和桐柏山区；生于山地林丛或沟边。

果皮、种子、假种皮

片状髓

蒴果

枝、叶、花序

叶

果序

161. 大芽南蛇藤　哥兰叶

学　　名： *Celastrus gemmatus* Loes.

属　　名： 南蛇藤属 *Celastrus* L.

保护价值： 中国特有种子植物

形态特征： 落叶木质藤本。小枝具多数棕灰白色突起皮孔；冬芽长约达 1.2 cm。叶长圆形、卵状椭圆形或椭圆形，先端渐尖，基部圆形，具浅锯齿，侧脉 5 ~ 7 对，网脉密网状，两面均突起，背面或脉上具棕色短毛。顶生聚伞花序长约 3 cm，侧生花序短而具少花。花萼裂片卵圆形，边缘啮蚀状；花瓣长圆状倒卵形；花盘浅杯状。蒴果球形。种子宽椭圆形，红棕色。花期 4 ~ 9 月；果期 8 ~ 10 月。

物种分布： 分布于安徽、江苏、浙江、福建、江西、湖北、湖南、广东、广西、云南南部、贵州、四川、河南、甘肃南部及陕西南部等地。河南产于伏牛山、大别山和桐柏山区；生于山坡灌丛或林中。

果皮、种子、假种皮

髓实心

枝、叶

蒴果

果序

枝、芽

162. 粉背南蛇藤

学　　名： *Celastrus hypoleucus* (Oliv.) Warb. ex Loes.

属　　名： 南蛇藤属 *Celastrus* L.

保护价值： 中国特有种子植物

形态特征： 落叶木质藤本，长达 5 m。小枝幼时被白粉，中空。叶椭圆形或宽椭圆形，长 3 ~ 13 cm，宽 2 ~ 8 cm，先端尖，基部楔形，边缘有疏锯齿，背面粉白色，脉上有疏毛。顶生聚伞圆锥花序长达 10 cm，腋生花序短小，有 3 ~ 7 花；花绿白色，4 数，单性，雄花有退化子房；雌花有短花丝的退化雄蕊，子房具细长花柱，柱头 3 裂，平展。果序顶生，长而下垂，腋生花多不结实；蒴果有长柄，疏生，球状，橙黄色，果皮裂瓣内侧有棕红色斑点；种子黑棕色，有橙红色假种皮。花期 6 月；果熟期 9 月。

物种分布： 分布于河南、陕西、甘肃东部、湖北、四川、贵州等地。河南伏牛山及大别山区均产；生于山沟或山坡杂木林中。

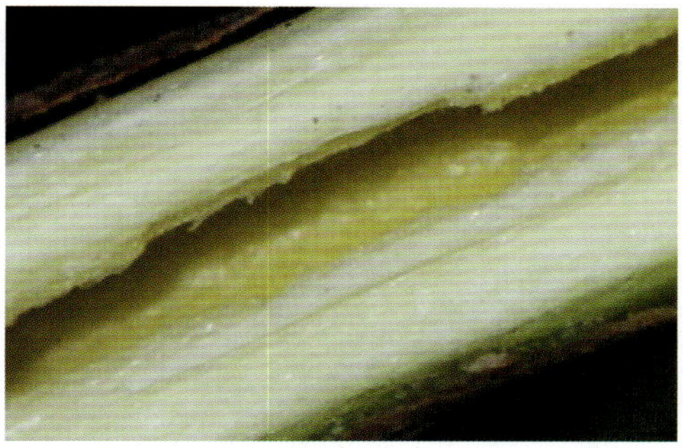

髓中空

枝、叶

雄花

果序

叶背面

果皮、种子、假种皮

163. 短梗南蛇藤

学　　名： *Celastrus rosthornianus* Loes.

属　　名： 南蛇藤属 *Celastrus* L.

保护价值： 中国特有种子植物

形态特征： 落叶木质藤本，长达 7 m。小枝有大而密集的皮孔，髓心片状。叶长圆状窄椭圆形或倒卵状披针形，先端锐尖，基部圆形或阔楔形，边缘有粗锯齿。花雌雄异株；呈聚伞花序；雄花序顶生或腋生，顶生花序长达 5 cm，花序轴分枝短；腋生花序仅 1 ~ 3 花；雌花序全为腋生，3 ~ 7 花；花黄绿色，雄花具杯状花盘，雄蕊着生花盘边缘上，退化雌蕊短柱头状；雌花有退化雄蕊，子房与杯状花盘离生，花柱细长，柱头 3 裂。蒴果近球形，黄色；有橙红色假种皮。花期 6 月；果熟期 9 月。

物种分布： 分布于甘肃、陕西西部、河南、安徽、浙江、江西、湖北、湖南、贵州、四川、福建、广东、广西、云南等地。河南产于太行山、桐柏山、大别山、伏牛山区；生于山坡林缘和丛林下。

蒴果

果皮、种子、假种皮

枝、叶、果实

片状髓

叶

叶、花序

164. 角翅卫矛

学　　名： *Euonymus cornutus* Hemsl.

属　　名： 卫矛属 *Euonymus* Linn.

形态特征： 落叶灌木，高 1 ~ 2.5 m。叶厚纸质或薄革质，披针形、窄披针形，偶近线形，先端窄长渐尖，基部楔形或阔楔形，边缘有细密浅锯齿，侧脉 7 ~ 11 对，在叶缘处常稍作波状折曲，与小脉形成明显特殊脉网；叶柄长 3 ~ 6 mm。聚伞花序常只 1 次分枝，3 花，少为 2 次分枝，具 5 ~ 7 花；花序梗细长，长 3 ~ 5 cm；小花梗长 1 ~ 1.2 cm，中央花小花梗稍细长；花紫红色或暗紫带绿色，花 4 数及 5 数并存；萼片肾圆形；花瓣倒卵形或近圆形；花盘近圆形。蒴果具 4 或 5 翅，近球状，直径连翅为 2.5 ~ 3.5 cm，翅长 5 ~ 10 mm，向尖端渐窄，常微呈钩状；种子阔椭圆状，包于橙色假种皮中。花期 4 ~ 7 月；果期 8 ~ 11 月。

物种分布： 分布于湖北、四川、陕西、甘肃、贵州、西藏等地。河南产于伏牛山区；生于山地灌丛中。

果实、花萼

蒴果

叶

花序

枝、叶背面

165. 小果卫矛

学　　名： *Euonymus microcarpus* (Oliv.) Sprague

属　　名： 卫矛属 *Euonymus* Linn.

保护价值： 中国特有种子植物

形态特征： 常绿灌木或小乔木，高达 6 m。小枝绿色，近圆柱形，无毛，有细小瘤状皮孔。叶对生，卵形或椭圆形，先端渐尖或短尖，基部楔形，正面绿色，光亮，背面淡绿色，两面无毛，叶脉稍隆起，全缘或有疏齿；叶柄长 8 ~ 15 mm。聚伞花序一至二回分枝；总花梗长 2 ~ 3 cm；花黄绿色，直径 5 ~ 8 mm，4 数；雄蕊有明显花丝；雌蕊有时退化不育。蒴果扁球形，直径 6 ~ 8 mm，4 裂；种子有红色假种皮。花期 3 ~ 6 月；果熟期 9 月。

物种分布： 分布于陕西、河南、湖北、四川、云南等地。河南产于伏牛山区；生于山坡疏林中或沟边石缝中。

果序

叶背面

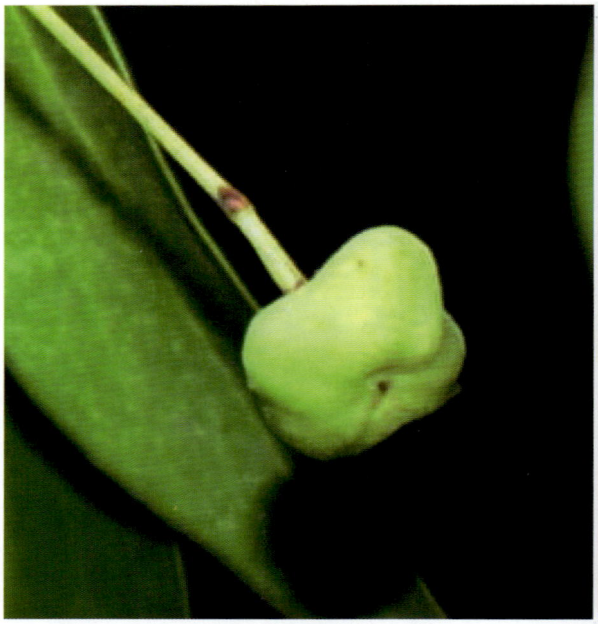

蒴果

枝、叶

166. 栓翅卫矛

学　　名： *Euonymus phellomanus* Loesener

属　　名： 卫矛属 *Euonymus* L.

保护价值： 中国特有种子植物

形态特征： 落叶灌木或小乔木，高达 5 m。小枝绿褐色，四棱，棱上常有长条状木栓质翅，无毛。叶对生，长圆形或长圆状倒披针形，先端渐尖，基部楔形，两面光滑，边缘密生细锯齿；叶柄长 7 ~ 15 mm。聚伞花序一至二回分枝，有 7 ~ 15 花，总花梗长 1 ~ 1.5 cm；花淡绿色，4 数，花药具细长花丝。蒴果粉红色，倒心脏形，4 浅裂，直径约 1 cm；种子有红色假种皮。花期 6 ~ 7 月；果熟期 9 月。

物种分布： 分布于甘肃、陕西、山西、湖北、安徽、河南及四川北部等地。河南伏牛山、太行山、大别山区均产；生于山坡或山谷杂木林中。

果序

花

枝、叶、蒴果

枝、木栓质翅、叶

167. 石枣子

学　　名： *Euonymus sanguineus* Loes.

属　　名： 卫矛属 *Euonymus* L.

保护价值： 中国特有种子植物

形态特征： 落叶灌木或小乔木，高 3 ~ 7 m。小枝近圆柱形，光滑，无翅。冬芽大，卵形，长 6 ~ 14 mm。叶对生，幼时带红色，阔椭圆形或卵圆形至长圆状卵形，先端渐尖或急尖，基部阔楔形或近圆形，边缘具细密尖锯齿，背面灰绿色，网脉显著；叶柄长 5 ~ 10 mm。聚伞花序疏松，直径 7 ~ 10 cm，有 3 ~ 15 花，总花梗细长，长 3 ~ 5 cm；花淡紫色，4 数，稀 5 数；花盘方形；雄蕊无花丝，花药 1 室。蒴果扁球形，直径约 1 cm，四棱，每棱有一略呈三角形的翅；种子有红色假种皮。花期 5 月；果熟期 8 月。

物种分布： 分布于甘肃、陕西、山西、河南、湖北、四川、贵州和云南等地。河南产于伏牛山区；生于山坡杂木林中。

蒴果

果皮、种子

果序

枝、叶

叶、花序

168. 疣点卫矛

学　　名： *Euonymus verrucosoides* Loes.

属　　名： 卫矛属 *Euonymus* L.

保护价值： 中国特有种子植物

形态特征： 落叶灌木，高达 3 m。小枝散生黑色疣点状突起。叶对生，纸质，倒卵形、长卵形或椭圆形，枝端叶常为宽披针形，先端渐尖或尖，基部钝圆或渐窄，边缘具钝圆锯齿，侧脉 7～8 对。聚伞花序有 2～5 花；花序梗细线状。花 4 数，紫色；花萼裂片近半圆形；花瓣椭圆形；花盘近方形；雄蕊插生花盘内方，紧贴雌蕊；子房四棱锥状，柱头小。蒴果 1～4 全裂，裂瓣平展，窄长，成熟时紫褐色。种子长椭圆形，近黑色；假种皮红色，长约为种子的一半或稍长，一侧开裂。花期 6～7 月；果期 8～9 月。

物种分布： 分布于河南、陕西、甘肃、四川及湖北。河南伏牛山、大别山及桐柏山区均产；生于山坡灌丛或疏林中。

蒴果

枝、叶、花

果序

枝、叶

（四十四）冬青科 Aquifoliaceae

169. 冬青

学　　名：*Ilex chinensis* Sims

属　　名：冬青属 *Ilex* Linn.

保护价值：河南省重点保护野生植物

果序

形态特征：常绿小乔木，高 3 ~ 10 m。树皮暗灰色。小枝淡灰色。叶薄革质，窄椭圆形至披针形，长 5 ~ 12 cm，宽 2 ~ 4 cm，两面无毛，正面有光泽，背面淡绿色，先端渐尖，基部楔形，锯齿钝尖；叶柄长 5 ~ 15 mm。花雌雄异株；雄花序簇生于叶腋，淡紫色或紫红色；萼片及花瓣 4 ~ 5；雌花 3 ~ 7 朵排成聚伞花序，具退化雄蕊。果椭圆形，长 6 ~ 10 mm，光亮、深红色，果核 4 ~ 5，背面有一深沟。花期 4 ~ 6 月；果熟期 10 ~ 11 月。

物种分布：长江流域各省（区）均有分布。河南产于伏牛山南部、大别山和桐柏山区；零散生于山谷、溪旁。

枝、叶

叶背面

果期

叶、核果

170. 枸骨

学　　名： *Ilex cornuta* Lindl. et Paxt.

属　　名： 冬青属 *Ilex* Linn.

形态特征： 常绿灌木或小乔木，高可达 5 m。树皮灰白色，平滑。枝广展而密生。叶硬革质，长方形，顶端扩展，有硬而尖的刺齿 3 个，基部平截，两侧各有尖硬刺齿 1 ~ 2 个，但老树之叶基常出现圆形且全缘无刺，正面深绿色无光泽，背面灰绿色。花黄白色，呈腋生聚伞花序，生于去年枝上，杂性；萼片、花瓣各 4；雄蕊 4；子房 4 室，花柱极短。果球形，果核 4。花期 4 ~ 5 月；果熟期 9 ~ 10 月。

物种分布： 分布于长江中下游各地。河南伏牛山、大别山及桐柏山区均产；生于山谷溪边、河岸及林缘。

核果

花

花序

果序

枝、叶

171. 细刺枸骨

学　　名： *Ilex hylonoma* Hu et Tang

属　　名： 冬青属 *Ilex* Linn.

保护价值： 中国特有种子植物，河南植物分布新记录种

形态特征： 常绿乔木，高 4 ~ 10 m。小枝圆柱形，栗褐色，略具棱角，无毛或变无毛。叶片薄革质，椭圆形或长圆状椭圆形，先端短渐尖，具很短小的尖头，基部急尖、钝或楔形，边缘具粗而尖的锯齿，有时齿尖为弱刺，叶正面深绿色，背面淡绿色，侧脉 9 ~ 10 对；叶柄长 8 ~ 14 mm，托叶三角形，微小，长约 1 mm，急尖。雄花序：由 3 花组成的聚伞花序簇生于二年生枝的叶腋内；花冠辐状，淡黄色，花瓣 4，基部稍合生；雄蕊 4，与花瓣互生，并短于花瓣，花药卵球形；退化子房近球形。果序常 2 ~ 5 个簇生于叶腋内；果近球形，直径 10 ~ 12 mm，成熟时红色。花期 3 ~ 5 月；果期 10 ~ 11 月。

物种分布： 分布于四川、贵州、云南、河南等地。河南产于伏牛山区南部；生于山坡林中。

叶背面

枝、叶

叶、核果

172. 大果冬青

学　　名：*Ilex macrocarpa* Oliv.

属　　名：冬青属 *Ilex* Linn.

保护价值：河南省重点保护野生植物；中国特有种子植物

形态特征：落叶乔木，高可达 20 m。具长枝和短枝。叶厚纸质，卵形或卵状椭圆形，先端突渐尖，基部圆形或楔形，锯齿细尖，两面无毛，或幼叶有稀疏的微毛；叶柄长 12 mm。花白而香；雄花序簇生于二年生长枝和短枝上，或单生于长枝的叶腋或基部鳞片内，具 1 ~ 5 花，萼片及花瓣 5 ~ 6；雌花单生叶腋，具细长花梗。果球形；有宿存的柱头，熟时黑色，果核 7 ~ 9。花期 6 月；果熟期 10 月。

物种分布：分布于西南、华南及河南、湖北、安徽等地。河南产于伏牛山南部、大别山区；于山谷、林中零散生长。

核果

枝、叶

浆果状核果

枝、叶

叶、果实

（四十五）黄杨科 Buxaceae

173. 顶花板凳果　顶蕊三角咪

学　　名： *Pachysandra terminalis* Sieb. et Zucc.

属　　名： 板凳果属 *Pachysandra* Michx.

形态特征： 常绿灌木状，匍匐斜生，高 20 ~ 36 cm。茎肉质，有分枝，无毛。叶互生或簇生于枝端，纸质或近革质，倒卵形至菱状卵形，长 2.5 ~ 5 cm，先端钝，基部楔形，有 3 主脉，上部边缘有粗锯齿，正面有光泽，两面无毛。顶生穗状花序；花小，白色，单性，雌雄同株；萼片 4 或较多，无花瓣；雄花生于花序上部，萼片有缘毛，雄蕊 4 ~ 6，花丝肥厚，伸出于萼；雌花子房 2 ~ 3 室，花柱 2 ~ 3，长而开展。浆果状核果卵形，稍带白色，长约 1 cm；具三角状突起。花果期 4 ~ 5 月。

物种分布： 分布于陕西、河南、甘肃、浙江、湖北、四川等地。河南伏牛山、桐柏山、大别山区均产；生于山沟灌丛或密林中阴湿处。

花序

茎、叶

叶

植株

174. 野扇花

学　　名： *Sarcococca ruscifolia* Stapf

属　　名： 野扇花属 *Sarcococca* Lindl.

保护价值： 中国特有种子植物

形态特征： 常绿灌木，高 0.5 ~ 2 m。分枝多，小枝幼时有短柔毛。叶互生，革质，卵形、卵状椭圆形至椭圆状披针形，先端长渐尖，基部宽楔形至圆形，正面暗绿色，有光泽，背面绿白色，叶脉不明显，两面无毛。花单性，雌雄同株，为腋生短总状花序，常有 4 花，雌花生于基部；花小，白色，芳香，无花瓣；萼片 4 ~ 6，有缘毛；雄花雄蕊 4 ~ 6；雌花子房 2 ~ 3 室，花柱短而稍弯曲。果近球形，核果状，暗红色。花果期 10 月至翌年 2 月。

物种分布： 分布于河南、湖北、四川、江西、贵州、云南等地。河南伏牛山南部、大别山及桐柏山区均产；生于山坡、山沟灌丛或疏林中。

果序

花序

浆果状核果

叶背面

枝、叶

（四十六）大戟科 Euphorbiaceae

175. 狼毒大戟

学　　名：*Euphorbia fischeriana* Steud.

属　　名：大戟属 *Euphorbia* L.

保护价值：近危

形态特征：多年生草本。根圆柱状，肉质，常分枝，直径 4 ~ 6 cm。茎高达 45 cm。叶互生，茎下部叶鳞片状，卵状长圆形，长 1 ~ 2 cm，茎生叶长圆形，长总苞叶常 5；伞辐 5；次苞叶 2，三角状卵形。花序单生二歧分枝顶端，无梗；总苞钟状，具白色柔毛，边缘 4 裂，裂片圆形，具白色柔毛，腺体 4，半圆形，淡褐色。雄花多数，伸出总苞；花柱中下部合生，柱头不裂。蒴果卵圆形，被白色长柔毛；花柱宿存。种子扁球状，灰褐色。花果期 5 ~ 7 月。

物种分布：分布于黑龙江、吉林、辽宁、内蒙古、山东、河南及云南等地。河南伏牛山、太行山、大别山、桐柏山区均产；生于干燥丘陵坡地、多石砾干山坡及阳坡稀疏的松林下。

苞片、杯状花序

蒴果

肉质根

叶

花序

（四十七）鼠李科 Rhamnaceae

176. 铜钱树

学　　名： *Paliurus hemsleyanus* Rehder ex Schir. & Olabi

属　　名： 马甲子属 *Paliurus* Tourn. ex Mill.

保护价值： 河南省重点保护野生植物；中国特有种子植物

形态特征： 落叶乔木，稀灌木，高达 13 m；小枝黑褐色或紫褐色，无毛。叶互生，纸质或厚纸质，宽椭圆形、卵状椭圆形或近圆形，边缘具圆锯齿或钝细锯齿，两面无毛，基生 3 出脉；叶柄近无毛或仅上面被疏短柔毛；无托叶刺，但幼树叶柄基部有 2 个斜向直立的针刺。聚伞花序或聚伞圆锥花序，顶生或兼有腋生，无毛；萼片三角形或宽卵形；花瓣匙形；雄蕊长于花瓣；花盘五边形，5 浅裂；子房 3 室，每室具 1 胚珠，花柱 3 深裂。核果草帽状，周围具革质宽翅，红褐色或紫红色，无毛。花期 4 ~ 6 月；果期 7 ~ 9 月。

物种分布： 分布于长江流域，南至广西、云南等地。河南伏牛山、桐柏山、大别山区均产；生于山地林间。

花序

果序

核果草帽状

枝、叶、花

花

叶、花序

（四十八）葡萄科 Vitaceae

177. 三叶崖爬藤

学　　名： *Tetrastigma hemsleyanum* Diels et Gilg

属　　名： 崖爬藤属 *Tetrastigma* (Miq.) Planch.

形态特征： 多年生草质藤本。小枝细，无毛或被疏柔毛。卷须不分叉。3 小叶复叶，小叶披针形、长椭圆状披针形或卵状披针形，先端渐尖，稀急尖，基部楔形或圆形，侧生小叶基部不对称，每边有 4 ~ 6 个小锯齿，两面无毛。花序腋生，长 1 ~ 5 cm，下部有节，节上有苞片，或假顶生而基部无节和苞片，二级分枝通常 4，集生成伞形，花二歧状着生在分枝末端；花序梗长 1.2 ~ 2.5 cm，被短柔毛。花梗被灰色短柔毛；花瓣卵圆形，先端有小角，外展，无毛；花盘明显，4 浅裂。果近球形，有种子 1。花期 4 ~ 6 月；果期 8 ~ 11 月。

物种分布： 分布于河南、安徽、浙江、福建、台湾、江西、湖北、湖南、广东、海南、广西、贵州、云南、四川及西藏等地。河南产于伏牛山区；生于海拔 300 ~ 1 300 m 的山坡灌丛、山谷或溪边林下岩石缝中。

叶

叶背面

茎、叶

（四十九）瘿椒树科 Tapisciaceae

178. 瘿椒树 银鹊树

学　　名： *Tapiscia sinensis* Oliv.

属　　名： 瘿椒树属 *Tapiscia* Oliv.

保护价值： 河南省重点保护野生植物；中国特有种子植物

形态特征： 落叶乔木，高达 15 m。复叶长达 30 cm，小叶 5～9，窄卵形或卵形，长 6～14 cm，基部心形或近心形，具锯齿，两面无毛或背面脉腋被毛，背面灰白色，密被近乳头状白粉点；侧生小叶柄短，顶生小叶柄长达 12 cm。圆锥花序腋生，雄花与两性花异株，雄花序长达 25 cm，两性花花序长约 10 cm。花长约 2 mm，有香气；两性花花萼钟状，5 浅裂，花瓣 5，窄倒卵形，花柱长于雄蕊；雄花有退化雌蕊，雄蕊 5，与花瓣互生，伸出花外。核果近球形或椭圆形，长约 7 mm。花期 3～5 月；果期 5～6 月。

物种分布： 分布于河南、安徽、浙江、福建、湖北、湖南、广东、广西、贵州、云南、四川及陕西南部等地。河南产于伏牛山区；生于山地林中。

核果

果序

叶

枝、叶、花序

枝、叶

（五十）无患子科 Sapindaceae

179. 七叶树

学　　名： *Aesculus chinensis* Bunge

属　　名： 七叶树属 *Aesculus* L.

保护价值： 河南省重点保护野生植物

形态特征： 落叶乔木，高达 25 m。冬芽卵圆形，有树脂。小叶 5 ~ 7，纸质，长倒披针形或长圆形，先端渐尖，基部楔形，边缘有细锐锯齿，背面沿脉疏生柔毛，侧脉 13 ~ 17 对；叶柄有细柔毛。圆锥花序连总花梗长 25 cm，有微柔毛；花杂性，白色；花萼 5 裂；花瓣 4，不等大；雄蕊 6；子房在雄花中不发育。蒴果球形，顶端扁平略凹下，直径 3 ~ 4 cm，密生疣点；种子近球形，种脐淡白色，约占种子的 1/2。花期 5 ~ 6 月；果熟期 8 ~ 9 月。

物种分布： 分布于河北、河南、山西、陕西、山东、江苏、浙江等地。河南产于伏牛山、大别山及太行山区；多生于山沟、村旁，且广泛栽培。

花序

蒴果

花

叶背面

枝、叶

植株

180. 天师栗

学　　名： *Aesculus chinensis* var. *wilsonii* (Rehder) Turland & N. H. Xia

属　　名： 七叶树属 *Aesculus* L.

保护价值： 河南省重点保护野生植物

形态特征： 乔木，高达 25 m。嫩枝密被长柔毛。冬芽有树脂。复叶柄长 10 ~ 15 cm，嫩时微被柔毛；小叶 5 ~ 9，倒卵形或长倒披针形，正面仅主脉基部微被长柔毛，背面淡绿色，有灰色毛，具骨质硬头锯齿，侧脉 20 ~ 25 对，小叶柄长 1.5 ~ 3 cm，微被柔毛。花序圆筒形，花浓香。花萼筒状，外面微有柔毛；花瓣 4，倒卵形，前面的 2 枚花瓣有黄色斑块；雄蕊 7，长达 3 cm；花盘微裂，无毛，两性花子房卵圆形，有黄色绒毛。蒴果黄褐色，卵圆形或近梨形，直径 3 ~ 4 cm，顶端有短尖头，无刺，有斑点，3 裂。种子常 1 枚，近球形，种脐占种子 1/3 以下。花期 4 ~ 5 月；果期 9 ~ 10 月。

物种分布： 分布于河南西南部、湖北西部、湖南、江西西部、广东北部、四川、贵州和云南东北部等地。河南产于伏牛山区；生于阔叶林中。

蒴果

叶背面

花序

叶

（五十一）槭树科 Aceraceae

181. 杈叶槭 蜡枝槭

学　　名：*Acer ceriferum* Rehd.

属　　名：槭属 *Acer* L.

保护价值：河南省重点保护野生植物

形态特征：落叶乔木，高达 10 m。小枝青褐色，无毛，幼时带白粉。叶膜质，掌状 7 ~ 9 裂，基部心脏形或截形，裂片卵形，先端尾状渐尖，边缘有尖锐重锯齿，背面脉腋有白色簇毛；叶柄细，长达 5 cm。伞房状花序顶生，长 6 cm；萼片紫色，长椭圆形，长 3.5 ~ 4.5 mm；花瓣绿色，阔倒卵形，长 3 mm，宽 2 ~ 2.5 mm；雄蕊 8，着生花盘内缘；子房疏生绒毛或无毛。翅果长至 2.5 cm，紫色，翅张开成钝角。花期 5 月；果熟期 8 ~ 9 月。

物种分布：分布于河南、陕西、甘肃、湖北、四川、云南等地。河南产于伏牛山、太行山区；生于山谷或山坡杂木林中。

枝、叶、花序

双翅果

枝、叶

182. 葛罗槭

学　　名： *Acer davidii* subsp. *grosseri* (Pax) P. C. de Jong

属　　名： 槭属 *Acer* L.

保护价值： 近危

形态特征： 落叶乔木，高 7 ~ 10 m。树皮黄色，平滑，有纵条纹。小枝绿色，或带紫红色，无毛。冬芽压扁状，有 2 个镊合状鳞片。叶长椭圆状卵形，为不明显 3 浅裂，先端长尖，基部心脏形或圆形，边缘有重锯齿；叶柄长至 6 cm。总状花序顶生，下垂，花黄绿色；萼片及花瓣各 5。翅果长约 2.5 cm，翅张开成钝角。花期 5 月；果熟期 8 ~ 9 月。

物种分布： 分布于河北、河南、山西、陕西、甘肃、安徽、湖北、湖南等地。河南太行山、伏牛山、大别山和桐柏山区均产；生于山坡杂木林中。

枝、叶背面、果序

枝、叶

花序

183. 血皮槭

学　　名：*Acer griseum*（Franch.）Pax

属　　名：槭属 *Acer* L.

保护价值：中国特有种子植物；易危

形态特征：落叶乔木，高达 20 m。树皮光滑，赤褐色，常呈纸状薄片剥落。3 小叶复叶，小叶菱形或椭圆形，先端钝尖，具粗钝锯齿，正面幼时被柔毛，后近无毛，背面被白粉及淡黄色疏柔毛，叶脉毛密。聚伞花序具 3 花，疏被柔毛。花黄绿色，雄花与两性花异株；萼片长卵圆形；花瓣长圆倒卵形；雄蕊 10，花丝无毛，位于花盘内侧。翅果长 3.2 ~ 3.8 cm，两翅成锐角或近直角，小坚果密被绒毛。花期 4 月；果期 9 月。

物种分布：分布于河南、山西、陕西南部、甘肃东南部、湖北西部及四川东部等地。河南大别山、桐柏山、伏牛山、太行山区均产；生于山坡杂木林中。

叶背面

双翅果

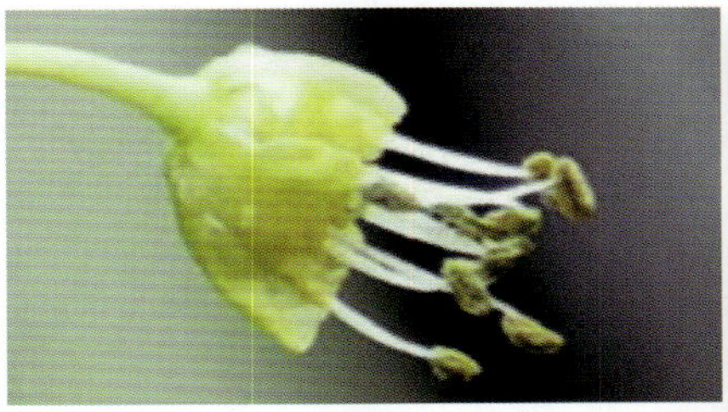

花

叶

树皮

植株

184. 五尖槭

学　　名： *Acer maximowiczii* Pax

属　　名： 槭属 *Acer* L.

保护价值： 河南省重点保护野生植物；中国特有种子植物

形态特征： 落叶乔木，高达 12 m。树皮灰色，光滑。小枝暗紫色，无毛。叶三角状卵形，长 5 ~ 8 cm，掌状 3 ~ 5 裂，基部心脏形，两侧裂片甚小，中裂伸长，先端尾状锐尖，边缘有尖锐重锯齿，背面带粉白色，脉腋有簇毛；叶柄长至 5 cm。总状花序，生于侧枝顶端；花梗长 5 ~ 10 mm；花黄绿色，萼片及花瓣各 5；雄蕊 8；子房无毛，花柱顶端 2 裂。翅果长 2.3 ~ 2.5 cm，张开成钝角。花期 5 月；果熟期 8 ~ 9 月。

物种分布： 分布于陕西、河南、甘肃、湖北、四川、湖南、贵州、广西等地。河南产于伏牛山、大别山区；生于海拔 1 000 m 以上的山沟或山坡杂木林中。

枝、叶

花

叶

双翅果

花序

185. 庙台槭

学　　名： *Acer miaotaiense* P. C. Tsoong

属　　名： 槭属 *Acer* L.

保护价值： 国家二级重点保护野生植物；中国特有种子植物；易危

形态特征： 高大的落叶乔木，高 20 ~ 25 m。树皮深灰色、稍粗糙，小枝无毛。叶纸质，宽卵形，常 3 ~ 5 裂，裂片卵形，先端短急锐尖，边缘微呈浅波状，裂片间的凹块钝形，正面深绿色，无毛，背面淡绿色有短柔毛，沿叶脉较密；初生脉 3 ~ 5 条和次生脉 5 ~ 7 对均在背面较在正面显著；叶柄比较细瘦，长 6 ~ 7 cm，基部膨大，无毛。果序伞房状；小坚果扁平，长与宽均约 8 mm，被很密的黄色绒毛；翅长圆形，宽 8 ~ 9 mm，连同小坚果长 2.5 cm，张开几成水平。花期 5 月；果期 9 月。

物种分布： 分布于河南、陕西西南部和甘肃东南部等地。河南产于伏牛山南部；生于海拔 1 500 m 以上的山坡。

叶背面

叶

树皮

186. 飞蛾槭

学　　名： *Acer oblongum* Wall. ex DC.

属　　名： 槭属 *Acer* L.

保护价值： 河南省重点保护野生植物

形态特征： 半常绿乔木，高 10 ~ 20 m。小枝紫色或淡紫色，有柔毛或无毛，老枝褐色，无毛。冬芽具多数鳞片。叶近革质，长圆形或卵形，全缘或幼树上者 3 裂及有锯齿，正面绿色，有光泽，背面有白粉或灰绿色，基部 3 出脉。圆锥状花序顶生，有短柔毛，花杂性，绿色或黄绿色；萼片 5，长圆形；花瓣 5，倒卵形；雄蕊 8，生于花盘内侧，花盘微裂；子房有短柔毛，柱头 2 裂，反卷。翅果长 2.5 cm，幼时紫色，成熟后黄褐色，小坚果凸出，翅张开成直角。花期 5 月；果熟期 9 月。

物种分布： 分布于河南、陕西、湖北、湖南、四川、云南、贵州、台湾等地。河南产于大别山、桐柏山及伏牛山区南部；生于山谷或山坡杂木林中。

花序

叶背面

花

枝、叶

果序、双翅果

枝、叶、花序

植株

187. 五裂槭

学　　名： *Acer oliverianum* Pax

属　　名： 槭属 *Acer* L.

保护价值： 中国特有种子植物

形态特征： 落叶小乔木，高达 7 m。树皮平滑，淡绿色至灰褐色，常被蜡粉。小枝细，无毛或微被柔毛。叶纸质，近圆形，5 深裂，裂片三角状卵形，先端渐尖，锯齿细密，背面淡绿色，脉腋具簇生毛，叶脉两面显著；叶柄长 2.5 ~ 5 cm，无毛或近顶端微被柔毛。伞房花序，杂性花，雄花与两性花同株。萼片卵形，紫绿色；花瓣卵形，白色；雄蕊 8，生于花盘内侧；子房微被长柔毛，花柱无毛，2 裂。翅果长 3 ~ 3.5 cm，翅宽 1 cm，两翅张开近水平。花期 5 月，果期 9 月。

物种分布： 分布于河南、陕西、甘肃、安徽、浙江、福建、江西、湖北、湖南、四川、贵州、广西、云南及西藏等地。河南产于伏牛山区；生于海拔 1 500 m 以上的山沟或山坡杂木林中。

双翅果

叶

花

枝、叶

188. 鸡爪槭

学　　名： *Acer palmatum* Thunb.

属　　名： 槭属 *Acer* L.

保护价值： 易危

形态特征： 落叶小乔木，高达 8 m。树皮深灰色。小枝细，紫红色，无毛。单叶，薄纸质，掌状 5 ~ 9 裂，近圆形，直径 7 ~ 10 cm，基部心脏形或近心脏形，裂片长卵形至披针形，先端锐尖，边缘有尖锐重锯齿，背面仅脉腋有白色簇生毛。伞房花序顶生，无毛；花紫色，杂性同株；萼片及花瓣各 5；雄蕊 8，花丝白色；花盘微裂，位于雄蕊之外；子房无毛，花柱 2 裂。翅果幼时紫红色，成熟后为棕黄色，长 2 ~ 2.5 cm，张开成钝角。花期 5 月；果熟期 9 ~ 10 月。

物种分布： 分布于河南、山东、江苏、浙江、安徽、江西等地。河南大别山、桐柏山及伏牛山区均产；生于山坡或山谷杂木林中，城区及各乡镇有栽培。

双翅果

果序

叶、果实

枝、叶背面

枝、叶

189. 秦岭槭

学　　名： *Acer tsinglingense* Fang et Hsieh

属　　名： 槭属 *Acer* L.

保护价值： 易危

形态特征： 落叶乔木，高达 10 m。小枝淡紫色，被灰色柔毛，老枝近无毛。叶纸质，近圆形，3 深裂，中裂片长卵圆形，具 1 ~ 2 对波状圆齿，侧裂片三角状卵形，浅波状或近全缘，背面被淡黄色柔毛。总状花序腋生。花单性，雌雄异株，淡绿色；萼片和花瓣均 5；雄蕊 8，长 7 mm，花丝无毛，位于花盘内侧。小坚果凸起，黄色，直径 1 cm，翅宽 1.5 cm，翅果长 4 ~ 4.2 cm，两翅近直立。花期 4 月；果期 8 ~ 9 月。

物种分布： 分布于河南西部、陕西南部和甘肃东南部等地。河南产于伏牛山、大别山及桐柏山区；生于疏林中。

双翅果

枝、叶

190. 建始槭

学　　名： *Acer henryi* Pax

属　　名： 槭属 *Acer* L.

保护价值： 中国特有种子植物

形态特征： 落叶小乔木，高约 10 m。树皮灰褐色。小枝绿色，有短柔毛。冬芽包于叶柄基部，有柔毛。复叶；小叶 3，纸质，椭圆形或倒卵状长圆形，先端钝尖或长锐尖，基部楔形，全缘或顶端具 3 ~ 5 个稀疏钝锯齿，幼时两面均有短柔毛，背面脉上较密，后渐脱落，仅沿脉及脉腋有毛。总状花序下垂，有短柔毛，常生于二、三年生的老枝一侧；花雌雄异株，雄花稀疏；萼片 4，无花瓣及花盘；子房无毛，花柱短。总状果序下垂；翅果长 2 ~ 2.5 cm，张开成锐角或近直立。花期 4 月；果熟期 8 月。

物种分布： 分布于山西、陕西、河南、甘肃、江苏、浙江、安徽、湖北、四川、湖南、贵州等地。河南太行山、伏牛山、大别山和桐柏山区均产；生于山坡或山谷杂木林中。

花

叶背面

枝叶

果序、双翅果

花序

191. 长柄槭

学　　名： *Acer longipes* Franch. ex Rehd.

属　　名： 槭属 *Acer* L.

保护价值： 中国特有种子植物

形态特征： 落叶乔木，高达 10 m。树皮灰色，光滑。小枝绿色或暗紫色。叶掌状 5 裂或 3 裂，稀不裂，宽大于长，宽 10 ~ 16 cm，基部圆形至截形，裂片三角形，全缘，先端尾尖，背面密生柔毛，主脉 5 条，掌状；叶柄细长，长达 10 余厘米，顶端有柔毛。伞房花序顶生，直径约 10 cm；花黄绿色。翅果长至 3 cm，果翅成直角开展，翅长为坚果 2 倍。花期 5 月；果熟期 8 ~ 9 月。

物种分布： 分布于河南、陕西、湖北、四川、安徽等地。河南伏牛山区及大别山区均产；生于山沟杂木林中。

叶背面

双翅果

枝、叶

192. 中华槭

学　　名： *Acer sinense* Pax

属　　名： 槭属 *Acer* L.

保护价值： 中国特有种子植物

形态特征： 落叶小乔木，高 3 ~ 5 m，稀达 10 m。小枝绿色或紫红色，无毛。冬芽小，芽鳞边缘有长柔毛及睫毛。叶近革质，长 10 ~ 14 cm，宽 12 ~ 15 cm，通常 5 裂，深达叶片的 1/2，基部心脏形，裂片卵形，先端渐尖，边缘疏生细尖齿，正面深绿色，背面淡绿色，脉腋有黄色簇生毛；叶柄长 3 ~ 5 cm，通常带红色。圆锥花序顶生，下垂；杂性花；萼片 5，绿色，边缘具纤毛；花瓣 5，白色；雄蕊 5 ~ 8；花盘肥厚，微有疏柔毛；子房有白色疏柔毛。翅果淡黄色，长 3 ~ 3.5 cm，张开成钝角或近于水平；小坚果特别凸起，脉纹显著。花期 5 月；果熟期 9 月。

物种分布： 分布于河南、浙江、安徽、湖北、四川、贵州、广东、广西等地。河南产于大别山、桐柏山及伏牛山区南部；生于山坡或山谷杂木林中。

双翅果

花、果序

枝、叶

193. 金钱槭

学　　名： *Dipteronia sinensis* Oliv.

属　　名： 金钱槭属 *Dipteronia* Oliv.

保护价值： 河南省重点保护野生植物；中国特有种子植物

形态特征： 落叶乔木，高 10 ~ 15 m。小枝灰绿色，密生皮孔。奇数羽状复叶，长 20 ~ 30 cm；小叶通常 7 ~ 13，纸质，长卵形或长圆状披针形，最下一对有时 3 裂或成 3 小叶，先端锐尖，基部阔楔形或近圆形，边缘具稀疏钝锯齿，背面脉腋及脉上有白色短毛；叶柄长 5 ~ 7 cm。圆锥花序顶生或腋生，长 15 ~ 30 cm；花杂性，白色；萼片 5，卵形或椭圆形；花瓣 5，宽卵形；子房扁形，有长硬毛，柱头 2，向外反卷。翅果长 2.5 cm，周围有翅，幼时红色，有长硬毛，成熟后变黄色，无毛。花期 5 月；果熟期 8 ~ 9 月。

物种分布： 分布于河南、陕西、甘肃、湖北、四川、贵州等地。河南产于伏牛山区；生于海拔 1 000 m 以上的山谷杂木林中。

果实

果序

叶

花序

枝、叶、花序

（五十二）芸香科 Rutaceae

194. 黄檗

学　　名：*Phellodendron amurense* Rupr.

属　　名：黄檗属 *Phellodendron* Rupr.

保护价值：国家Ⅰ级珍贵树种；国家二级重点保护野生植物；易危

形态特征：落叶乔木，高 10 ~ 15 m。树皮浅灰色或灰褐色，有深沟裂，木栓质发达，内皮鲜黄色，小枝棕褐色，无毛。奇数羽状复叶；小叶 5 ~ 13，卵状披针形至卵形，先端长渐尖，基部宽楔形，边缘有细钝锯齿，有缘毛，背面中脉基部有长柔毛。花小，5 数，雌雄异株，排列成顶生聚伞状圆锥花序；雄花的雄蕊较花瓣长，花丝线形，基部被毛，退化雌蕊很小；雌花退化，雄蕊鳞片状，子房有短柄。果为浆果状核果，黑色，有特殊香气及苦味。花期 5 ~ 6 月；果熟期 9 ~ 10 月。

物种分布：分布于东北及华北各地。河南产于伏牛山、太行山、大别山、桐柏山区，且各地栽培较多；多生于山地杂木林中或山区河谷沿岸，适应性强。

核果

花序

树皮内皮

小叶、叶轴无毛

枝、叶、果序

195. 川黄檗　黄皮树

学　　名：*Phellodendron chinense* Schneid.

属　　名：黄檗属　*Phellodendron* Rupr.

保护价值：国家二级重点保护野生植物

形态特征：落叶乔木，高达 20 m，胸径 1 m。树皮木栓层较薄，浅纵裂。奇数羽状复叶对生，叶轴及叶柄较粗，密被褐锈色或褐色柔毛；小叶 7～15，纸质，长圆状披针形或卵状椭圆形，长 8～15 cm，先端渐尖，基部宽楔形或圆形，全缘或浅波状，正面中脉被短毛或嫩叶被疏短毛，背面密被长柔毛，叶脉毛密；小叶柄长 1～3 mm，被毛。花序顶生，花密集，花序轴粗，密被柔毛。果多数密集成团，椭圆形或近球形，直径 1～1.5 cm，蓝黑色，小核 5～10。花期 5～6 月；果期 9～11 月。

物种分布：分布于陕西南部、河南、浙江、湖北、湖南、四川、云南北部等地。河南产于伏牛山、大别山区，生于海拔 600～1 700 m 的山地林中。

核果

羽状复叶

树皮

叶轴密被棕色毛

枝、叶、果序

196. 异叶花椒

学　　名： *Zanthoxylum dimorphophyllum* Hemsl.

属　　名： 花椒属 *Zanthoxylum* Linn.

形态特征： 落叶乔木。枝灰黑色，嫩枝及芽常有红锈色短柔毛，枝很少有刺。单小叶，指状 3 小叶，2 ~ 5 小叶或 7 ~ 11 小叶；小叶卵形、椭圆形，有时倒卵形，叶片大小变化较大，顶部钝、圆或短尖至渐尖，常有浅凹缺，两侧对称，叶缘有明显的钝裂齿，或有针状小刺，油点多，在放大镜下可见，叶背的最清晰，网状叶脉明显，干后微凸起，叶面中脉平坦或微凸起，被微柔毛。花序顶生；花被片 6 ~ 8，稀 5，大小不同，上宽下窄，顶端圆。分果瓣紫红色，幼嫩时常被疏短毛；基部有甚短的狭柄，油点稀少，顶侧有短芒尖；种子直径 5 ~ 7 mm。花期 4 ~ 6 月；果期 9 ~ 11 月。

物种分布： 分布于四川、河南、湖北、贵州、陕西等地。河南产于伏牛山区南部；生于山沟或山坡林中。

叶背面

单叶

2 小叶

3 小叶

枝、叶、果序

197. 刺异叶花椒

学　　名： *Zanthoxylum dimorphophyllum* var. *spinifolium* Rehder et E. H. Wilson

属　　名： 花椒属 *Zanthoxylum* Linn.

形态特征： 形态特征与异叶花椒相似，区别在于小叶的叶缘有针状锐刺。花、果期同异叶花椒。

物种分布： 分布于陕西秦岭南坡、河南、湖北、湖南、贵州、四川。河南产于伏牛山南坡；生于山坡疏林或灌木丛中。

果皮、种子

分果

单叶、分果

5 小叶

3 小叶

198. 朵花椒

学　　名：*Zanthoxylum molle* Rehd.

属　　名：花椒属 *Zanthoxylum* Linn.

保护价值：中国特有种子植物；易危

形态特征：落叶乔木，高达 10 m。树皮具锥形鼓钉状锐刺。花枝具直刺；小枝髓心中空。奇数羽状复叶，叶轴下部圆，无窄翅；小叶 13 ~ 19，对生，几无柄，厚纸质，宽卵形或椭圆形，稀近圆形，全缘或具细圆齿，侧脉 11 ~ 17 对，叶背面密被白灰色或黄灰色毡状绒毛，油腺点不显或稀少。伞房状聚伞花序顶生，多花，花序轴被褐色柔毛，疏生小刺。花梗密被柔毛；萼片及花瓣均 5，白色；心皮 3。果瓣淡紫红色，顶部无芒尖，油点多而细小，干后凹下。花期 6 ~ 8 月；果期 10 ~ 11 月。

物种分布：分布于安徽、浙江、江西、湖南、湖北、河南、贵州。河南产于大别山、伏牛山区；生于山沟杂木林中。

叶背面

皮刺

花

分果、果皮、种子

果序

叶、花序

花序

199. 浪叶花椒

学　　名： *Zanthoxylum undulatifolium* Hemsl.

属　　名： 花椒属 *Zanthoxylum* Linn.

保护价值： 中国特有种子植物；近危

形态特征： 落叶灌木，高达 3 m，皮刺甚多。奇数羽状复叶，长 13 ~ 20 cm；叶轴纤细，起棱，被短的微柔毛，无刺或有时有短刺；小叶 5 ~ 9，对生，革质，无柄或几无柄，顶生小叶有短柄，披针形，长 3.5 ~ 11 cm，先端长渐尖，稀急尖，基部常为圆形，边缘为波状圆锯齿，齿缝有腺点，背面灰色，正面被短粗硬毛。聚伞花序，腋生，几无总梗，直径 2.5 ~ 5 cm，花少数；花梗长 5 ~ 9 mm，被短微硬毛。蓇葖果 2 ~ 4，细小，斜卵球形，直径不超过 3 mm，无毛，有粗大腺点；种子黑色，光亮。花期 4 ~ 5 月；果熟期 7 ~ 8 月。

物种分布： 分布于河南、湖北、四川、陕西等地。河南产于伏牛山区的灵宝、卢氏、西峡、南召、内乡等县、市，生于山沟溪旁、林中。

小叶

果序

枝、叶、花序

叶

200. 小花花椒 刺椒树

学　　名： *Zanthoxylum micranthum* Hemsl.

属　　名： 花椒属 *Zanthoxylum* Linn.

保护价值： 中国特有种子植物

形态特征： 落叶乔木，高稀达 15 m。茎枝有稀疏短锐刺，花序轴及上部小枝均无刺或少刺，当年生枝的髓部甚小，各部无毛，叶轴腹面常有狭窄的叶质边缘。奇数羽状复叶，小叶 9 ~ 17；小叶对生，或位于叶轴下部的不为整齐对生，披针形，顶部渐狭长尖，基部圆或宽楔形，两侧对称，或一侧的基部圆，另一侧基部略楔尖，叶缘有钝或圆裂齿，中脉凹陷，侧脉每边 8 ~ 12 条。花序顶生，花多；萼片及花瓣均 5；萼片宽卵形；花瓣淡黄白色。分果瓣淡紫红色，干后淡灰黄色或灰褐色。花期 7 ~ 8 月；果期 10 ~ 11 月。

物种分布： 分布于河南、湖北、湖南、贵州、四川、云南等地。河南产于伏牛山区南部。生于山沟或山坡林中较湿润的地方。

花

分果

枝、叶、花序

皮刺

叶

花期

（五十三）凤仙花科 Balsaminaceae

201. 翼萼凤仙花

学　　名：*Impatiens pterosepala* Hook. f.

属　　名：凤仙花属 *Impatiens* L.

保护价值：中国特有种子植物

形态特征：一年生草本，高 30 ~ 70 cm。茎纤细，直立，有分枝。叶互生，多集生于茎上部，卵形或长圆状卵形，先端渐尖，基部楔形，具 2 个球形腺体，边缘有圆锯齿，侧脉 5 ~ 7 对。总花梗腋生，长 2 ~ 4 cm，中部以上有一披针形苞片，仅有 1 花；花淡紫色或淡红色；萼片 2，长卵形，先端渐尖，有时一侧有细齿，背面中肋有狭翅；旗瓣圆形，先端微凹，基部心形，背面中肋全缘或有波状狭翅，翅先端有短喙；翼瓣近无柄，2 裂，基部裂片长圆形，上部裂片较大，宽斧形，背面有小耳；唇瓣狭漏斗状，基部延成细长内弯的距，花药尖。蒴果线形。花期 7 ~ 8 月；果熟期 8 ~ 9 月。

物种分布：分布于河南、陕西、湖北、四川、湖南、安徽等地。河南产于伏牛山、大别山区；生于山坡灌丛中或林下阴湿处、沟边。

花侧面

花

蒴果

植株

（五十四）五加科 Araliaceae

202. 黄毛楤木

学　　名：*Aralia chinensis* L.

属　　名：楤木属 *Aralia* L.

保护价值：中国特有种子植物

形态特征：落叶小乔木或灌木状。干皮疏被粗短刺。小枝被黄褐色绒毛，疏生细刺。二至三回羽状复叶，长达 1.1 m；羽片具 5 ~ 13 小叶，小叶卵形、宽卵形或长卵形，长 5 ~ 13 cm，具锯齿，正面疏被糙毛，背面被淡黄褐色或灰色柔毛，侧脉 7 ~ 10 对；小叶近无柄，顶生小叶柄长达 3 cm。圆锥花序长达 60 cm，密被淡黄褐色或灰色柔毛，伞形花序直径 1 ~ 1.5 cm，花序梗长 1 ~ 4 cm。花梗长 4 ~ 6 mm，被柔毛；花白色；萼无毛；花柱 5，离生或基部连合。果球形，直径约 3 mm，黑色；宿存花柱长约 1.5 mm。花期 7 ~ 9 月；果期 9 ~ 12 月。

物种分布：分布于甘肃东南部、陕西南部、山西南部、河北、河南、山东、江苏、安徽、浙江、福建、江西、湖北、湖南、广东、广西、贵州、四川、云南及西藏东南部。河南产于各山区；生于森林、灌丛或林缘路边。

果实

叶

皮刺

果序

203. 刺五加

学　　名： *Eleutherococcus senticosus* (Ruprecht & Maximowicz) Maximowicz

属　　名： 五加属 *Eleutherococcus* Maxim.

形态特征： 落叶灌木。小枝密被下弯针刺。小叶 5，薄纸质，椭圆状倒卵形或长圆形，长 5～13 cm，先端短渐尖，正面脉被粗毛，背面脉被柔毛，具锐尖复锯齿，侧脉 6～7 对；叶柄长 3～12 cm，有时被细刺，小叶柄长 0.5～2 cm。伞形花序单生于枝顶，或 2～6 簇生，花序梗长 5～7 cm。花梗长 1～2 cm；花紫黄色；萼无毛；子房 5 室；花柱连合。果卵状球形，具 5 棱。花期 6～7 月；果期 8～10 月。

物种分布： 分布于黑龙江、吉林、辽宁、内蒙古、河北、山西、河南、陕西北部、甘肃南部、青海东南部、四川北部及云南东北部等地。河南产于伏牛山、太行山区；生于山坡或山谷灌木丛中。

花

花序

刺

枝、叶

叶

204. 离柱五加

学　　名： *Eleutherococcus eleutheristylus* (C. Ho) K. L. Zhang

属　　名： 五加属 *Eleutherococcus* Maxim.

保护价值： 中国特有种子植物

形态特征： 落叶灌木。枝棕紫色，小枝深紫色；无毛。叶有小叶 3 ~ 5；叶柄长 1.5 ~ 10 cm，无刺，无毛；小叶纸质，中央的椭圆形至长圆状椭圆形，两侧的菱状椭圆形，先端渐尖至尾尖，基部圆形至狭楔形，两面均无毛，边缘有单锯齿至细重锯齿，侧脉 6 ~ 8 对，两面明显，网脉上面下陷，下面隆起；小叶柄长达 5 mm，无毛。伞形花序单个顶生，直径 3.5 ~ 4.5 cm，约有果实 20 个；总花梗长 2.5 ~ 4 cm，无毛。果实 5 室，长圆状球形，有 5 棱；宿存花柱 5，长 1.5 mm，离生，先端反曲；果梗长 8 ~ 12 mm，无毛。果期 7 月。

物种分布： 分布于陕西、甘肃、河南。河南产于伏牛山区；生于山坡或山谷林下。

花序

果实

叶

205. 糙叶五加

学　　名： *Eleutherococcus henryi* Oliver

属　　名： 五加属 *Eleutherococcus* Maxim.

保护价值： 中国特有种子植物

形态特征： 灌木，高达 3 m。枝疏生扁钩刺，向下弯曲，幼枝密被柔毛，后渐脱落。小叶 3 或 5，纸质，椭圆形或倒披针形，稀倒卵形，先端尖或渐尖，基部窄楔形，中部以上具细齿，正面稍被糙毛，背面脉被柔毛，侧脉 6 ~ 8 对；叶柄长 4 ~ 7 cm，密被粗毛，小叶柄长 3 ~ 6 mm 或近无柄。伞形花序数个簇生于枝顶，花序梗长 1.5 ~ 3.5 cm，被粗毛，后脱落。萼片稍被柔毛或无毛，具 5 小齿。果球形，具 4 ~ 5 棱，黑色。花期 7 ~ 9 月；果期 9 ~ 10 月。

物种分布： 分布于山西、陕西、四川、湖北、河南、安徽和浙江等地。河南产于大别山、桐柏山及伏牛山区；生于海拔 1 000 m 以上的灌丛中和林缘。

花

花序

果实

枝、刺

叶背面

枝、叶

206. 细柱五加

学　　名： *Eleutherococcus nodiflorus* (Dunn) S. Y. Hu

属　　名： 五加属 *Eleutherococcus* Maxim.

保护价值： 中国特有种子植物

形态特征： 落叶灌木。高 2 ~ 3 m。小枝细长下垂，节上疏被扁钩刺；叶有小叶 5，稀 3 ~ 4，在长枝上互生，在短枝上簇生；叶柄长 3 ~ 8 cm，无毛，常有细刺；小叶片膜质至纸质，倒卵形至倒披针形，两面无毛或沿脉疏生刚毛，边缘有细钝齿，侧脉 4 ~ 5 对，两面均明显，下面脉腋间有淡棕色簇毛，网脉不明显；几无小叶柄。伞形花序单个，稀 2 个腋生，或顶生在短枝上，直径约 2 cm，有花多数；总花梗长 1 ~ 2 cm，结实后延长，无毛；花梗细长，长 6 ~ 10 mm，无毛；花黄绿色，花柱 2 个，离生。果扁球形，熟时紫黑色。花期 4 ~ 8 月；果期 6 ~ 10 月。

物种分布： 分布于安徽南部、河南、福建、甘肃、广东、广西、贵州、湖北、湖南、江苏南部、江西、陕西、山西、四川、台湾、云南、浙江等地。河南产于各山区；生于山坡或山谷灌丛中。

叶、刺

花

花序

花柱 2，离生

果实

枝、叶、花序

207. 刺楸

学　　名： *Kalopanax septemlobus* (Thunb.) Koidz.

属　　名： 刺楸属 *Kalopanax* Miq.

保护价值： 河南省重点保护野生植物；国家Ⅱ级珍贵树种

形态特征： 落叶乔木。叶在长枝上互生，短枝上簇生，直径 9 ~ 25 cm 或更大，掌状 5 ~ 7 裂，裂片宽三角状卵形或长椭圆状卵形，先端渐尖，边缘有细锯齿，正面无毛，背面幼时有短柔毛。伞形花序聚生为顶生圆锥花序，长 15 ~ 25 cm；花白色或淡黄绿色；萼片边缘有 5 齿；花瓣 5；雄蕊 5，花丝较花瓣长 1 倍以上。果球形，成熟时蓝黑色，直径约 5 mm。花期 7 ~ 10 月；果期 9 ~ 12 月。

物种分布： 分布于东北、华北、华中、华南和西南。河南产于各山区；生于山地疏林中。

花序

皮刺

茎、叶

208. 异叶梁王茶

学　　名： *Metapanax davidii* J. Wen & Frodin

属　　名： 梁王茶属 *Metapanax* J. Wen & Frodin

形态特征： 灌木或乔木。单叶，薄革质至厚革质，长圆状卵形至长圆状披针形，不分裂至掌状深裂，先端长渐尖，基部阔楔形或圆形，边缘疏生细锯齿。伞形花序组成圆锥花序顶生，花白色或淡黄色，芳香，萼边缘有 5 小齿，花瓣 5，三角状卵形；雄蕊 5，花柱 2，合生至中部，宿存。果实球形，侧扁，黑色。花期 6 ~ 8 月；果期 9 ~ 11 月。

物种分布： 分布于陕西、湖北、湖南、河南南部、四川、云南、贵州等地。河南产于伏牛山区南部。生于疏林或阳性灌木林中、林缘，路边和岩石山上也有生长。

叶

掌裂叶

植株

果序

花序

209. 竹节参 大叶三七

学　　名： *Panax japonicus* (T. Nees) C. A. Meyer

属　　名： 人参属 *Panax* L.

保护价值： 国家二级重点保护野生植物

形态特征： 多年生草本，高达 1 m。根茎竹鞭状，肉质。茎无毛。掌状复叶 3 ~ 5 轮生茎端；小叶 5，膜质，倒卵状椭圆形或长椭圆形，具锯齿或重锯齿，两面沿脉疏被刺毛。伞形花序单生茎顶，具 50 ~ 80 花，无毛或稍被柔毛。萼具 5 小齿，无毛；花瓣 5，长卵形；雄蕊 5，花丝较花瓣短；子房 2 ~ 5 室；花柱 2 ~ 5，连合至中部。果近球形，红色。种子 2 ~ 5，白色，卵球形。花期 5 ~ 6 月；果期 7 ~ 9 月。

物种分布： 分布于青海、甘肃、陕西南部、河南、湖北西部、湖南西南部、江西、浙江、安徽南部、福建西北部、广西北部、贵州、四川、云南及西藏等地。河南产于伏牛山、太行山、大别山及桐柏山区；生于林下或灌丛中。

果实

花序

茎、叶

210. 通脱木

学　　名： *Tetrapanax papyrifer* (Hook.) K. Koch

属　　名： 通脱木属 *Tetrapanax* (K.Koch) K. Koch

保护价值： 中国特有种子植物

形态特征： 灌木或小乔木，无刺，高 1 ~ 3.5 m；茎髓大，白色，纸质。叶大，集生茎顶，基部心形，掌状 5 ~ 11 裂，裂片浅或深达中部，每一裂片常又有 2 ~ 3 个小裂片，全缘或有粗齿，正面无毛，背面有白色星状绒毛；叶柄粗壮，长 30 ~ 50 cm；托叶膜质，锥形，基部合生，有星状厚绒毛。伞形花序聚生成顶生或近顶生大型复圆锥花序，长达 50 cm 以上；苞片披针形，密生星状绒毛；花白色；萼密生星状绒毛，全缘或几全缘。果球形，熟时紫黑色，直径约 4 mm。花期 10 ~ 12 月；果期 1 ~ 2 月。

物种分布： 分布于长江以南各省区和陕西、河南南部等地。河南产于大别山、桐柏山和伏牛山区；生于向阳山坡或山谷溪旁。

果实

植株

花序

（五十五）伞形科 Apiaceae

211. 北柴胡

学　　名：*Bupleurum chinense* DC.

属　　名：柴胡属 *Bupleurum* L.

保护价值：中国特有种子植物

形态特征：多年生草本，高 45～85 cm。主根粗大，坚硬，有或无侧根；茎丛生或单生，实心，上部多分枝，稍呈“之”字形弯曲。基生叶倒披针形或狭椭圆形，早枯；中部叶倒披针形或宽条状披针形，有平行脉 7～9 条，背面具粉霜。复伞形花序多数，总花梗细长，水平伸出；无总苞片或 2～3，狭披针形；伞幅 3～8，不等长；小总苞片 5，披针形；花鲜黄色。双悬果宽椭圆形，棱狭翅状。花期 9 月；果期 10 月。

物种分布：分布于东北、华北、西北、华东和华中各地。河南产于各山区；生于向阳山坡、山谷草地、岸旁、田野。

果实

花

茎、叶

花序

212. 黑柴胡

学　　名：*Bupleurum smithii* Wolff

属　　名：柴胡属 *Bupleurum* L.

保护价值：中国特有种子植物

形态特征：多年生草本，高 25 ~ 60 cm；茎常数枝丛生，直立或斜上，上部有时具少数短分枝。基生叶密，狭矩圆形、矩圆披针形或倒披针形，顶端急尖，或圆钝有小凸尖，基部渐狭，抱茎，有白色边缘，具 7 ~ 9 条纵脉；叶柄长为叶片的 1/2 ~ 3/5；茎中部叶狭矩圆形或倒披针形，无柄或有短柄。复伞形花序，总花梗多长于伞幅；花黄色。双悬果卵形，棱薄狭翅状。花期 7 ~ 8 月；果期 8 ~ 9 月。

物种分布：分布于河北、山西、陕西、河南、青海、甘肃和内蒙古等地。河南产于太行山和伏牛山区诸县；生于山坡草地、山谷、山顶阴湿处。

小伞形花序，小总苞片花瓣

茎、叶、花序

复伞形花序

213. 明党参

学　　名： *Changium smyrnioides* Wolff

属　　名： 明党参属 *Changium* H.Wolff

保护价值： 国家二级重点保护野生植物；中国特有种子植物；易危

形态特征： 多年生草本，高 50 ~ 100 cm，全体无毛；根二型：一种纺锤形或椭圆形，粗而短，一种圆柱状，细而长；茎具粉霜。基生叶近三回三出式羽状全裂，最终裂片宽卵形，长及宽各约 2 cm，无小柄；茎上部叶鳞片状或叶鞘状。复伞形花序；总花梗长 3 ~ 10 cm；无总苞；伞幅 6 ~ 10；小总苞片数个，钻形，花梗 10 ~ 15；花白色，在侧生花序的都不孕。双悬果卵状矩圆形，光滑，具纵纹，果棱不明显。花果期 4 ~ 6 月。

物种分布： 分布于安徽、河南、江苏、浙江、江西、湖北、四川等地。河南产于桐柏山、伏牛山及大别山区等地；生于山地土壤肥厚处或山坡岩石缝中。

花序

花、子房

花

叶

214. 独活

学　　名： *Heracleum hemsleyanum* Diels

属　　名： 独活属 *Heracleum* L.

保护价值： 中国特有种子植物

形态特征： 多年生草本，高达 1 ~ 1.5 m。根圆锥形，分枝，淡黄色。茎单一，圆筒形，中空，有纵沟纹和沟槽。叶膜质，茎下部叶一至二回羽状分裂，有 3 ~ 5 裂片，被稀疏的刺毛，尤以叶脉处较多，3 分裂，两侧小叶较小，近卵圆形，3 浅裂，边缘有楔形锯齿和短凸尖；茎上部叶卵形，3 浅裂至 3 深裂，边缘有不整齐的锯齿。复伞形花序顶生和侧生。总苞少数，长披针形；小总苞片 5 ~ 8，线披针形，被有柔毛。每小伞形花序有花约 20，花柄细长；萼齿不显；花瓣白色，二型；花柱基短圆锥形，花柱较短，柱头头状。果实近圆形，背棱和中棱丝线状，侧棱有翅。花期 5 ~ 7 月；果期 8 ~ 9 月。

物种分布： 分布于四川、湖北、河南等地。河南产于太行山、大别山、桐柏山及伏牛山区；生于山地灌丛中。

果实

叶

花

花序

215. 条叶岩风

学　　名：*Libanotis lancifolia* K.T.Fu.

属　　名：岩风属 *Libanotis* Haller ex Zinn

保护价值：中国特有种子植物

形态特征：多年生草本，略呈小灌木状，高 40 ~ 90 cm。根颈粗壮，木质化，上端有多数呈鳞片状覆盖的枯萎叶鞘。茎通常单一，多二歧式曲折状分枝，基部常带淡紫红色，髓部充实，木质化。基生叶多数，叶柄基部有叶鞘，边缘膜质；叶片轮廓三角状卵形，二回羽状复叶，第一回羽片有长柄，末回羽片椭圆形或椭圆状披针形，全缘，叶柄有短毛；茎上部叶 3 全裂，无柄，有叶鞘抱茎。复伞形花序多分枝；花瓣宽卵形，小舌片内曲，白色微带紫红色，外侧多毛；萼齿显著，锥形；花柱基圆锥形，花柱近直立。分生果半圆柱状，狭倒卵形，密被刚毛。花期 9 ~ 10 月；果期 10 ~ 11 月。

物种分布：分布于陕西、河南、河北、山西等地。河南产于伏牛山、太行山区；生于向阳草坡、灌木丛及山谷岩石陡坡上。

花序

花

枝、叶

叶

216. 菱叶茴芹

学　　名：*Pimpinella rhomboidea* Diels

属　　名：茴芹属 *Pimpinella* L.

保护价值：中国特有种子植物

形态特征：多年生草本，高 0.5 ~ 1 m。根圆柱形。茎直立，有条纹，2 ~ 4 个分枝。基生叶少，叶柄长 10 ~ 20 cm；叶片二回三出分裂，两侧的裂片卵形或长卵形，长 5 ~ 8 cm，宽 2 ~ 5 cm，基部楔形或截形，顶端渐尖，中间的裂片宽卵形或菱形，基部楔形，顶端尖尾状；茎中、下部叶与基生叶同形，向上逐渐变小；茎上部叶无柄，叶片 3 裂。花序直径 5 ~ 10 cm，无总苞片，或偶有 1 ~ 5 片，线形；伞辐 10 ~ 25，近等长；花杂性，小伞形花序有花 15 ~ 30；无萼齿；花瓣长圆形，白色。果柄长 3 ~ 5 mm。花果期 5 ~ 9 月。

物种分布：分布于湖北、四川、陕西、甘肃、河南。河南产于伏牛山区；生于山坡林下。

花序

果实

叶

（五十六）龙胆科 Gentianaceae

217. 双蝴蝶

学　　名：*Tripterospermum chinense* (Migo) H. Smith

属　　名：双蝴蝶属 *Tripterospermum* Blume

保护价值：中国特有种子植物

形态特征：多年生缠绕草本。基生叶常 2 对，卵形、倒卵形或椭圆形，长 3 ~ 12 cm；先端尖或尾状，基部圆形；茎生叶卵状披针形，长 5 ~ 12 cm，先端渐尖或尾状，基部心形或近圆形，叶柄扁平，长 0.4 ~ 1 cm。聚伞花序具花 2 ~ 4，稀单花，腋生。花梗短；萼筒长 0.9 ~ 1.3 cm，具窄翅或无翅，裂片线状披针形，长 6 ~ 9 mm；花冠蓝紫色或淡紫色，花冠裂片间具褶，褶色较淡或呈乳白色，先端浅波状；钟形，长 3.5 ~ 4.5 cm，裂片卵状三角形，长 5 ~ 7 mm，宽 4 ~ 5 mm，褶半圆形，长 1 ~ 2 mm，比裂片短约 5 mm，宽约 3 mm，先端浅波状。蒴果椭圆形。种子淡褐色，近圆形，直径约 2 mm，具盘状双翅。花果期 10 ~ 12 月。

物种分布：分布于江苏、浙江、安徽、江西、福建、广西、河南、湖北、湖南、山西等地。河南产于伏牛山、大别山、桐柏山区；生于山坡林下、林缘、灌丛或草丛。

雌、雄蕊

花

花萼

花侧面

茎、叶

（五十七）萝藦科 Asclepiadaceae

218. 杠柳

学　　名： *Periploca sepium* Bunge

属　　名： 杠柳属 *Periploca* L.

保护价值： 中国特有种子植物

形态特征： 落叶蔓性灌木，具乳汁，除花外全株无毛。叶对生，膜质，卵状矩圆形，顶端渐尖，基部楔形；侧脉多数。聚伞花序腋生，有花几朵；花冠紫红色，花张开直径 1.5 ~ 2 cm，花冠裂片 5，中间加厚，反折，内面被疏柔毛；副花冠环状，顶端 5 裂，裂片丝状伸长，被柔毛；花粉颗粒状，藏在直立匙形的载粉器内。蓇葖果双生，圆柱状，长 7 ~ 12 cm，直径约 5 mm；种子长圆形，顶端具白绢质长 3 cm 的种毛。花期 5 ~ 6 月；果期 7 ~ 9 月。

物种分布： 分布于东北、华北、西北、华东及河南、贵州、四川等地。河南各地均有分布；生于平原低山丘陵的林缘、沟坡、路边。

蓇葖果

花

茎、叶

花序

叶

花侧面

219. 变色白前

学　　名： *Vincetoxicum versicolor* (Bunge) Decne.

属　　名： 白前属 *Vincetoxicum* Wolf

保护价值： 中国特有种子植物

形态特征： 落叶半灌木。茎上部缠绕，下部直立，全株被绒毛。叶对生，纸质，宽卵形，顶端锐尖，基部圆形或近心形，两面被黄色绒毛；侧脉每边 6～8 条。伞形聚伞花序腋生，近无柄，有花 10 余朵；花萼 5 裂，裂片狭披针形，内面腺体极小；花冠初时黄白色，渐变为黑紫色，枯干时呈暗褐色，钟状辐形；副花冠裂片三角形，比合蕊柱为短；花药近菱状四方形，花粉块每室 1 个，矩圆形，下垂；柱头略为凸起，顶端不明显 2 裂。蓇葖果单生，宽刺刀形；种子宽卵圆形，顶端具白绢质长 2 cm 的种毛。花期 5～8 月；果期 7～11 月。

物种分布： 分布于吉林、辽宁、河北、河南、四川、山东、江苏和浙江等地。河南产于太行山、大别山、桐柏山和伏牛山区；生于山坡灌丛、林缘及疏林中。

花

茎、叶

蓇葖果

花序

（五十八）马鞭草科 Verbenaceae

220. 华紫珠

学　　名： *Callicarpa cathayana* H. T. Chang

属　　名： 紫珠属 *Callicarpa* L.

保护价值： 中国特有种子植物

形态特征： 落叶灌木，高 1～3 m。小枝纤细，有不明显的皮孔。叶椭圆形至卵状披针形，顶端渐尖，基部狭楔形，边缘有锯齿，两面仅脉上有毛，背面有红色腺点；叶柄长 2～8 mm。聚伞花序纤细，3～4 次分歧，总花梗稍长于叶柄或近等长；花萼有星状毛和红色腺点，萼齿不明显；花冠淡紫色，有腺点；花丝与花冠近等长，药室纵裂。果实紫色。花期 5～7 月；果期 8～11 月。

物种分布： 分布于江苏、浙江、河南、江西、福建、广东、广西和云南等地。河南产于伏牛山、桐柏山和大别山区；生于山坡、谷地及疏林中。

花

花序

叶背面红色腺点

枝、叶、果序

221. 老鸦糊

学　　名： *Callicarpa giraldii* Hesse ex Rehd.

属　　名： 紫珠属 *Callicarpa* L.

保护价值： 中国特有种子植物

形态特征： 落叶灌木。小枝圆形，被星状毛。叶宽椭圆形或披针状长圆形，长 5 ~ 15 cm，先端渐尖，基部楔形或窄楔形，具锯齿，正面近无毛，背面疏被星状毛，密被黄腺点；叶柄长 1 ~ 2 cm。花序 4 ~ 5 歧分枝，直径 2 ~ 3 cm。花萼钟状，被星状毛及黄腺点，萼齿钝三角形；花冠紫色，长约 3 mm，疏被星状毛及黄腺点；雄蕊伸出花冠，花药卵圆形，药室纵裂；子房被星状毛。果球形，紫色，直径 2 ~ 3 mm，幼时被毛，后脱落。花期 5 ~ 6 月；果期 7 ~ 11 月。

物种分布： 分布于甘肃、陕西、河南、江苏、安徽、浙江、江西、湖南、湖北、福建、广东、广西、四川、贵州、云南等地。河南产于太行山、大别山、桐柏山及伏牛山区；生于疏林中、沟谷及山坡灌丛中。

浆果状核果

花

花序

叶背面星状毛及黄色腺点

叶正面

叶背面

枝、叶、花序

（五十九）唇形科 Lamiaceae

222. 木香薷

学　　名： *Elsholtzia stauntonii* Benth.

属　　名： 香薷属 *Elsholtzia* Willd.

保护价值： 中国特有种子植物

形态特征： 落叶半灌木。茎高 0.7 ~ 1.7 cm，小枝被微柔毛。叶片披针形至椭圆状披针形，长 8 ~ 12 cm，两面脉上被微柔毛，背面密布凹腺点；叶柄长 4 ~ 6 mm。轮伞花序排列成顶生、疏散、近偏于一侧，形成长 7 ~ 13 cm 的假穗状花序；苞片及小苞片披针形或条状披针形；花萼钟状，长约 2 mm，外被白色绒毛，萼齿 5，近相等，卵状披针形；花冠玫瑰紫色，长约 9 mm，花冠筒内有斜向毛环，上唇直立，顶端微凹，下唇 3 裂，中裂片近圆形。小坚果椭圆形，无毛。花果期 7 ~ 10 月。

物种分布： 分布于河北、山西、河南、陕西、甘肃等地。河南产于太行山和伏牛山区；生于山坡、山谷路旁、沟岸、林间。

轮伞花序

轮伞花序在总轴上偏于一侧

花

枝、叶

（六十）木樨科 Oleaceae

223. 流苏树

学　　名： *Chionanthus retusus* Lindl. et Paxt.

属　　名： 流苏树属 *Chionanthus* L.

形态特征： 落叶灌木或乔木，高可达 20 m。叶对生，革质，矩圆形、椭圆形、卵形或倒卵形，长 3 ~ 10 cm，顶端钝圆，凹下，有时锐尖，全缘，少数有小锯齿。聚伞状圆锥花序，长 5 ~ 12 cm，着生在枝顶；花单性，白色，雌雄异株；花萼 4 裂；花冠 4 深裂，裂片条状倒披针形，长 10 ~ 20 mm，花冠筒短，长 2 ~ 3 mm；雄蕊 2，藏于筒内或稍伸出，药隔突出。果实椭圆状，长 10 ~ 15 mm，成熟后变为黑色。花期 3 ~ 6 月；果期 6 ~ 11 月。

物种分布： 分布于甘肃、河南、陕西、山西、河北以南至云南、广东、福建、台湾等地。河南产于太行山、伏牛山、大别山和桐柏山区；生于向阳山谷、山坡林中。

核果

果序

枝、叶

花序

花

花期

植株

224. 水曲柳

学　　名： *Fraxinus mandshurica* Rupr.

属　　名： 梣属 *Fraxinus* L.

保护价值： 国家Ⅱ级珍贵树种；国家二级重点保护野生植物；易危

形态特征： 落叶乔木。小枝无毛。羽状复叶在枝端对生，长 25 ~ 35 cm；叶轴小叶着生处簇生黄褐色曲柔毛或脱落无毛，小叶 7 ~ 11，纸质，长圆形或卵状长圆形，先端渐尖或尾尖，基部楔形或圆钝，稍歪斜，具细齿，正面无毛或疏被白色硬毛，背面沿脉被黄色曲柔毛；小叶近无柄。圆锥花序生于去年生枝上，先叶开花；花序轴与分枝具窄翅状锐棱。雄花与两性花异株，无花冠，无花萼；雄花花梗细，长 3 ~ 5 mm，两性花花梗细长。翅果长圆形或倒圆状披针形，中部最宽，先端钝圆、平截或微凹，翅下延至坚果基部，扭曲。花期 4 ~ 6 月；果期 8 ~ 9 月。

物种分布： 分布于东北、华北、陕西、甘肃、河南、湖北等地。河南产于伏牛山区；生于海拔 1 500 m 以上的山谷杂木林中。

果序

果翅扭曲

叶

枝、叶

225. 红丁香

学　　名： *Syringa villosa* Vahl

属　　名： 丁香属 *Syringa* L.

保护价值： 中国特有种子植物

形态特征： 落叶灌木，高达 4 m。枝直立，粗壮，灰褐色，具皮孔，小枝淡灰棕色，无毛或被微柔毛，具皮孔。叶卵形、椭圆状卵形、宽椭圆形至倒卵状长椭圆形，正面无毛，背面粉绿色，贴生疏柔毛或仅沿叶脉被须状柔毛或柔毛，稀无毛；叶柄长 0.8 ~ 2.5 cm，无毛或略被柔毛。圆锥花序直立，由顶芽抽生，长圆形或塔形；花芳香；花冠淡紫红色、粉红色至白色，花冠管细弱；花药黄色，长约 3 mm，位于花冠管喉部或稍凸出。果长圆形，先端凸尖，皮孔不明显。花期 5 ~ 6 月；果期 9 月。

物种分布： 分布于河北、河南、山西。河南产于太行山及伏牛山区；生于向阳山坡、河边砾石、山坡灌丛或沟边、河旁。

叶、花序

花

叶背面

花序

（六十一）玄参科 Scrophulariaceae

226. 大叶醉鱼草

学　　名： *Buddleja davidii* Fr.

属　　名： 醉鱼草属 *Buddleja* L.

形态特征： 落叶灌木，高 1 ~ 3 m。嫩枝、叶背、花序均密被白色星状绵毛，小枝略呈四棱形。叶对生，卵状披针形至披针形，长 5 ~ 20 cm，宽 1 ~ 5 cm，顶端渐尖，基部圆渐狭，边缘疏生细锯齿，正面无毛，背面密被白色星状绒毛。花有柄，淡紫色，芳香，长约 1 cm，由多数小聚伞花序集成穗状的圆锥花枝；花萼 4 裂，密被星状绒毛；花冠筒细而直，长 7 ~ 10 mm，外面疏生星状绒毛及鳞毛，喉部橙黄色；雄蕊着生于花冠筒中部；子房无毛。蒴果条状矩圆形，长 6 ~ 8 mm，无毛或稍有鳞毛；种子多数，两端有长尖翅。

物种分布： 分布于湖北、河南、湖南、江苏、浙江、贵州、云南、四川、陕西、甘肃等地。河南产于伏牛山、大别山、桐柏山区；生于丘陵、沟边、灌丛。

叶背面

枝、叶、花序

花

花侧面

植株

227. 地黄

学　名： *Rehmannia glutinosa* (Gaert.) Libosch. ex Fisch. et Mey.

属　名： 地黄属 *Rehmannia* Libosch. ex Fisch. & C. A. Mey.

保护价值： 中国特有种子植物

形态特征： 多年生直立草本，高 10 ~ 30 cm，全体密被白色长腺毛。根肉质。叶多基生，莲座状，柄长 1 ~ 2 cm，叶倒卵状披针形至长椭圆形，边缘齿钝或尖；茎生叶无或有而远比基生叶小。总状花序顶生，有时自茎基部生花；苞片下部的大，比花梗长，有时叶状，上部的小；花多少下垂；花萼筒部坛状，萼齿 5，反折，后面 1 枚略长；花冠紫红色，长约 4 cm，中端略向下曲，上唇裂片反折，下唇 3 裂片伸直，长方形，顶端微凹。蒴果卵形。花果期 4 ~ 7 月。

物种分布： 分布于辽宁、河北、河南、山东、山西、陕西、甘肃、内蒙古、江苏、湖北等地。河南产于各地；生于山坡、山脚、路旁、沙质土壤、墙边。

花

基生叶

根

花序

植株

228. 玄参

学　　名： *Scrophularia ningpoensis* Hemsl.

属　　名： 玄参属 *Scrophularia* L.

保护价值： 中国特有种子植物

形态特征： 多年生大草本，高可达 1 m。根数条，纺锤状或胡萝卜状。茎方形，有沟纹。下部叶对生，柄长达 4 cm，上部叶有时互生，柄短；叶卵形至披针形，基部楔形、圆形或近心形，边缘具细锯齿，齿缘反卷，多少软骨质，并有突尖。聚伞圆锥花序大而疏散，通常在各轴上有腺毛，小聚伞花序常二至四回复出，总花梗长 1 ~ 3 cm；花梗略短；花萼长 2 ~ 3 mm，5 裂几达基部，裂片圆形，覆瓦状排列，边缘膜质；花冠褐紫色，上唇明显长于下唇。蒴果卵形。花期 6 ~ 10 月；果期 9 ~ 11 月。

物种分布： 分布于河北、河南、山西、陕西、湖北、安徽、江苏、浙江、福建、江西、湖南、广东、贵州、四川等地。河南产于各山区诸县；生于竹林、溪旁、丛林、路旁等地。

蒴果

茎、叶

花序

（六十二）列当科 Orobanchaceae

229. 列当

学　　名： *Orobanche coerulescens* Steph.

属　　名： 列当属 *Orobanche* L.

形态特征： 二年生或多年生寄生草本，高达 50 cm。全株密被蛛丝状长绵毛。茎不分枝。叶卵状披针形，长 1.5 ~ 2 cm，连同苞片、花萼外面及边缘密被蛛丝状长绵毛。穗状花序；苞片与叶同形，近等大；无小苞片。花萼 2 深裂近基部，每裂片中裂；花冠深蓝色、蓝紫色或淡紫色，筒部在花丝着生处稍上方缢缩，上唇 2 浅裂，下唇 3 中裂，具不规则小圆齿；花丝被长柔毛，花药无毛；花柱无毛。蒴果卵状长圆形或圆柱形，长约 1 cm。花期 4 ~ 7 月；果期 7 ~ 9 月。

物种分布： 分布于黑龙江、吉林、辽宁、内蒙古、河北、山西、河南、山东、江苏、浙江、湖北、贵州、云南、四川、西藏、青海、新疆、甘肃、宁夏及陕西等地。河南产于全省各地；生于山坡草地、丘陵，寄生在蒿属植物的根上。

根状茎、根

花序

植株

（六十三）苦苣苔科 Gesneriaceae

230. 珊瑚苣苔

学　　名：*Corallodiscus lanuginosus* (Wallich ex R. Brown) B. L. Burtt

属　　名：珊瑚苣苔属 *Corallodiscus* Batalin

形态特征：多年生草本。叶多数，均基生，密集，外部的有柄，内部的无柄；叶菱状卵形或菱形，边缘有小钝齿，正面散生长柔毛或变无毛，背面常红紫色，只沿脉有锈色绒毛，脉在正面下陷，在背面隆起；叶柄扁，长达 1.5 cm。花莛 2 ~ 4 条，高 7 ~ 12 cm，花序有锈色毛，后变无毛；聚伞花序伞状，有 4 ~ 8 花，苞片不明显；花萼长约 2.5 mm，无毛，5 裂近基部，裂片狭卵形；花冠堇色，长 9 ~ 11 mm，外面无毛，上唇短，2 浅裂，下唇 3 裂；能育雄蕊 2 对，内藏，花药成对连着；雌蕊无毛。蒴果条形，无毛。花期 4 ~ 10 月；果期 6 ~ 12 月。

物种分布：分布于云南北部、四川、贵州、湖南西部、湖北西部、甘肃、陕西、河南西部、山西、河北西部等地。河南产于太行山及伏牛山区；生于山坡林缘岩石及石缝中。

花

花序

叶

植株

231. 旋蒴苣苔

学　　名： *Dorcoceras hygrometricum* Bunge

属　　名： 旋蒴苣苔属 *Dorcoceras* Bunge

保护价值： 中国特有种子植物

形态特征： 多年生草本。叶基生，密集，无柄，肉质，近圆形、圆卵形、卵形，有时倒卵形，边缘有牙齿或波状浅齿，正面有贴伏的白色长柔毛，背面有白色或淡褐色绒毛，脉不明显。花莛 1 ~ 5 条，高 7 ~ 14 cm，有短腺毛；聚伞花序有 2 ~ 5 花，密生短腺毛；苞片卵形，长达 2 mm；花萼长约 2 mm，5 裂近基部，裂片披针形；花冠淡蓝紫色，上唇 2 裂，下唇 3 裂；子房密生短毛，花柱伸出。蒴果长 3 ~ 4 cm，螺旋状扭曲。花期 7 ~ 8 月；果熟期 9 月。

物种分布： 分布于浙江、福建、江西、广东、广西、湖南、湖北、河南、山东、河北、辽宁、山西、陕西、四川及云南。河南产于各山区；生于山坡路旁岩石上。

蒴果

花

植株

花序

232. 半蒴苣苔

学　　名： *Hemiboea subcapitata* Clarke

属　　名： 半蒴苣苔属 *Hemiboea* C. B. Clarke

形态特征： 多年生草本。茎肉质，散生紫褐色斑点；叶对生，稍肉质，干时草质，椭圆形至倒卵状披针形，全缘或中部以上具浅钝齿，顶端急尖或渐尖，基部楔形或下延，常不相等，正面深绿色，背面淡绿色或紫红色；聚伞花序腋生或假顶生，具 3 ~ 10 花，萼片 5，长椭圆形；花冠白色，具紫斑，上唇 2 浅裂，下唇 3 浅裂。蒴果线状披针形，多少弯曲。花期 9 ~ 10 月；果期 10 ~ 12 月。

物种分布： 分布于四川、贵州、湖南、湖北、河南、陕西南部等地。河南产于伏牛山南坡、大别山及桐柏山区；生于山谷林下石上或沟旁阴湿处。

［降龙草已并入本种］

总苞

总苞、花

植株

果序

（六十四）桔梗科 Campanulaceae

233. 羊乳

学　　名： *Codonopsis lanceolata* (Sieb. et Zucc.) Trautv.

属　　名： 党参属 *Codonopsis* Wall.

形态特征： 草质缠绕藤本，有白色乳汁。根圆锥形或纺锤形，长约达 15 cm，有少数须根。茎无毛，有多数短分枝。在主茎上的叶互生，小，菱状狭卵形，无毛；在分枝顶端的叶 3 ~ 4 枚近轮生，有短柄，菱状卵形或狭卵形，无毛。花通常 1 朵生于分枝顶端，无毛；萼筒长约 5 mm，裂片 5，卵状三角形，长 1.3 ~ 1.6 cm；花冠黄绿带紫色或紫色，宽钟状，5 浅裂。蒴果有宿存花萼，上部 3 瓣裂；种子有翅。花果期 7 ~ 8 月。

物种分布： 分布于华南、西南、东北等地。河南产于伏牛山和桐柏山区；生于山地灌木林下、沟边阴湿处或阔叶林内。

叶背面

果实

花侧面

茎、叶

肉质根

234. 党参

学　　名： *Codonopsis pilosula* (Franch.) Nannf.

属　　名： 党参属 *Codonopsis* Wall.

形态特征： 草质缠绕藤本，有白色乳汁。根胡萝卜状圆柱形，长约 30 cm，常在中部分枝。茎长约 1.5 m，分枝多，无毛。叶互生；叶卵形或狭卵形，边缘有波状钝齿，两面有密或疏的短伏毛；叶柄长 0.6 ~ 2.5 cm，常疏生开展的短毛。花 1 ~ 3 朵生于分枝顶端；花萼无毛，裂片 5，狭矩圆形或矩圆状披针形；花冠淡黄绿色，宽钟状，无毛，5 浅裂，裂片正三角形，急尖。蒴果 3 瓣裂，有宿存花萼。花果期 7 ~ 10 月。

物种分布： 分布于四川西部、甘肃、陕西、河南、山西、河北、内蒙古、东北等地。河南产于各山区；生于山坡灌丛及林缘，野生或人工栽培。

花侧面

雄蕊、柱头

蒴果

茎、叶

花序

叶背面

叶

肉质根

（六十五）茜草科 Rubiaceae

235. 香果树

学　　名：*Emmenopterys henryi* Oliv.

属　　名：香果树属 *Emmenopterys* Oliv.

保护价值：国家Ⅰ级珍贵树种；国家二级重点保护野生植物；中国特有种子植物；近危

形态特征：落叶大乔木，高约达 30 m。小枝有皮孔。叶对生，有长柄，革质，宽椭圆形至宽卵形，顶端急尖或骤然渐尖，仅下面中脉、侧脉和脉腋内有淡黄色柔毛或有时全面有毛；托叶大，三角状卵形，早落。圆锥状聚伞花序，常疏松；花大，黄色，有短梗；花萼近陀螺状，裂片顶端截平，脱落，但一些花的萼裂片中的 1 枚扩大成叶状，色白而宿存于果上；花冠漏斗状，裂片覆瓦状排列。蒴果近纺锤状，有直线棱，成熟时红色，室间开裂为 2 果瓣；种子很多，小而有阔翅。花期 6 ~ 8 月；果期 8 ~ 11 月。

物种分布：分布于西南和长江流域一带等地。河南产于大别山、桐柏山及伏牛山区；生于山坡及山谷。

花

花、叶状萼裂片

花序

枝、叶背面

芽

蒴果

枝、叶

树皮

（六十六）忍冬科 Caprifoliaceae

236. 二翅糯米条　二翅六道木

学　　名： *Abelia macrotera* (Graebn. et Buchw.) Rehd.

属　　名： 糯米条属 *Abelia* R. Br.

保护价值： 中国特有种子植物

形态特征： 落叶灌木，高达 2 m。幼枝红褐色，平滑。叶卵形至椭圆状卵形，长 3 ~ 7 cm，顶端渐尖，基部钝至圆形，边缘有疏锯齿，背面沿中脉或侧脉基部密生柔毛，正面疏生短柔毛。花淡紫色，呈少花的聚伞花序，生于小枝顶端或上部叶腋；花萼有短柔毛，萼片 2，矩圆状椭圆形，长 8 ~ 9 mm；花冠漏斗状，长 3 ~ 4 cm，外面有微毛，花冠筒基部具浅囊，裂片 5；雄蕊 2 长 2 短，内藏。瘦果状核果长约 1 cm，有短柔毛，冠以宿存而略有增大的 2 枚萼裂片。花期 5 ~ 6 月；果熟期 8 ~ 10 月。

物种分布： 分布于河南、四川、贵州、湖南、湖北等地。河南产于伏牛山、桐柏山、大别山区；生于路旁灌丛、溪旁林下。

萼裂片

花

叶背面

枝、叶、花

瘦果及宿存萼裂片

237. 南方六道木

学　　名： *Zabelia dielsii* (Graebn.) Makino

属　　名： 六道木属 *Zabelia* (Rehder) Makino

保护价值： 中国特有种子植物

形态特征： 落叶灌木。当年生小枝红褐色，老枝灰白色。叶长卵形、倒卵形、椭圆形或披针形，嫩时正面散生柔毛，背面叶脉基部被白色粗硬毛，余无毛，全缘或有 1～6 对齿牙，具缘毛。花 2 朵生于侧枝顶部叶腋。花梗极短或几无；苞片 3，小而有纤毛；萼筒长约 8 mm，散生硬毛，萼檐 4 裂，裂片卵状披针形或倒卵形，基部楔形；花冠白色，后浅黄色，4 裂，裂片圆，筒内有柔毛；雄蕊 4，二强，内藏，花柱细长，与花冠等长，不伸出花冠筒外。种子柱状。花期 4～6 月；果期 8～9 月。

物种分布： 分布于河北、山西、河南、安徽、福建、贵州、云南、西藏、四川、甘肃、宁夏南部及陕西南部等地。河南产于大别山、桐柏山、伏牛山、太行山区；生于海拔 800 m 以上的山坡灌丛中，路旁林下。

花、总花梗

茎

花

枝、叶背面

瘦果、萼裂片

枝、叶

238. 猬实

学　　名：*Kolkwitzia amabilis* Graebn.

属　　名：猬实属 *Kolkwitzia* Graebn.

保护价值：河南省重点保护野生植物；中国特有种子植物；易危

形态特征：多分枝落叶直立灌木，高达 3 m。幼枝红褐色，被短柔毛及糙毛，老枝光滑，茎皮剥落。叶椭圆形至卵状椭圆形，顶端尖或渐尖，基部圆或阔楔形，全缘，少有浅齿状，正面深绿色，两面散生短毛，脉上和边缘密被直柔毛和睫毛。伞房状聚伞花序；苞片披针形，紧贴子房基部；萼筒外面密生长刚毛；花冠淡红色，基部甚狭，中部以上突然扩大，外有短柔毛，裂片不等，其中 2 枚稍宽短，内面具黄色斑纹；花柱有软毛，柱头圆形，不伸出花冠筒外。果实密被黄色刺刚毛，顶端伸长如角，冠以宿存的萼齿。花期 5 ~ 6 月；果熟期 8 ~ 9 月。

物种分布：分布于山西、陕西、甘肃、河南、湖北及安徽等地。河南产于太行山和伏牛山区；生于山坡、路旁和灌丛中。

花侧面

叶背面

叶

枝、叶、花序

花

果实及萼外刺刚毛

239. 北京忍冬 毛母娘

学　　名：*Lonicera elisae* Franch.

属　　名：忍冬属 *Lonicera* L.

保护价值：中国特有种子植物

形态特征：落叶灌木，高达 3 m。幼枝无毛或连同叶柄和总花梗均被糙毛、刚毛和腺毛，二年生小枝常有深色小瘤状突起。冬芽近卵圆形，有数对亮褐色、圆卵形外鳞片。叶纸质，卵状椭圆形、卵状披针形或椭圆状长圆形，两面被硬伏毛，背面被较密绢丝状长糙伏毛和糙毛；叶柄长 3 ~ 7 mm。花叶同放，总花梗生于二年生小枝顶端苞腋；苞片宽卵形、卵状披针形或披针形，下面被小刚毛。相邻两萼筒分离，有腺毛和刚毛或几无毛；花冠白色或带粉红色，长漏斗状，外被糙毛或无毛，冠筒细长；雄蕊不高出花冠裂片；花柱稍伸出，无毛。果熟时红色，椭圆形，疏被腺毛和刚毛或无毛。花期 4 ~ 5 月；果期 5 ~ 6 月。

物种分布：分布于河北、山西、陕西、甘肃、安徽、浙江、河南、湖北及四川等地。河南产于太行山、伏牛山、大别山、桐柏山区；生于沟谷、山坡林中或灌丛中。

花

花侧面

浆果

叶背面

枝、叶

240. 郁香忍冬

学　　名： *Lonicera fragrantissima* Lindl. & Paxton

属　　名： 忍冬属 *Lonicera* L.

保护价值： 中国特有种子植物

形态特征： 半常绿灌木，高达 2 m。幼枝具有刺刚毛。叶倒卵状椭圆形至卵状矩圆形，长 4 ~ 10 cm，顶端尖或凸尖，近革质。总花梗长 0.5 ~ 1 cm，从当年生枝基部苞腋中生出；相邻两花萼筒合生达中部以上，萼檐环状；花芳香，先于叶开放；花冠白色或带粉红色，唇形，花冠筒长约 5 mm，基部具浅囊，上唇具 4 裂片，下唇长约 1 cm。浆果红色，椭圆形，熟时可食。花期 2 月中旬至 4 月；果期 4 月下旬至 5 月。

物种分布： 分布于江西、浙江、江苏、安徽、山东、河南、山西（南部）等地。河南产于伏牛山、桐柏山、大别山、太行山区；生于海拔 200 ~ 700 m 的山坡灌丛中。

果序

花

浆果

叶背面

枝、叶

241. 盘叶忍冬

学　　名：*Lonicera tragophylla* Hemsl.

属　　名：忍冬属 *Lonicera* L.

保护价值：中国特有种子植物

形态特征：落叶藤本。叶具短柄，矩圆形至椭圆形，长 5 ~ 12 cm，顶端锐尖至钝，基部楔形，背面粉绿色而密生柔毛或至少沿中脉下部有柔毛。花序下的 1 对叶片基部合生成盘状，3 朵花组成的聚伞花序密集成头状花序生于小枝顶端，共有花 9 ~ 18；萼齿小，花冠黄色至橙黄色，上部外面略带红色，长 7 ~ 8 cm，筒部 2 ~ 3 倍长于裂片，裂片唇形，上唇直立而顶略反转，具 4 裂片，下唇反转；雄蕊 5，伸出花冠之外；花柱等长至稍长于雄蕊。浆果红色，近球形，直径约 1 cm。花期 6 ~ 7 月；果熟期 9 ~ 10 月。

物种分布：分布于河北、山西、陕西、宁夏、甘肃、安徽、浙江、河南、湖北、四川及贵州等地。河南产于各山区；生于林下、灌丛中或河滩旁岩石缝中。

花

花序

叶背面

枝、叶

242. 鸡树条

学　　名： *Viburnum opulus* subsp. *calvescens* (Rehder) Sugimoto

属　　名： 荚蒾属 *Viburnum* L.

形态特征： 落叶灌木，高达 4 m。冬芽卵圆形，有柄，无毛。叶圆卵形至广卵形或倒卵形，通常 3 裂，掌状，无毛，裂片顶端渐尖，边缘具不整齐粗牙齿，椭圆形至矩圆状披针形而不分裂，边缘疏生波状牙齿，叶柄粗壮，无毛。复伞形式聚伞花序，周围有大型的不孕花，总花梗粗壮，无毛，花生于第二至第三级辐射枝上，花梗极短；萼齿三角形，均无毛；花冠白色，辐状，花药黄白色，不孕花白色。果实红色，近圆形。5 ~ 6 月开花，果熟期 9 ~ 10 月。

物种分布： 分布于安徽、甘肃南部、河北北部、黑龙江、河南、湖北、江苏、江西、吉林、辽宁、陕西南部、山东、山西、四川、浙江西北部等地。河南产于桐柏山、伏牛山及太行山区；生于杂木林中或林缘。

核果

花

果序

枝、叶、花序

植株

243. 球核荚蒾

学　　名： *Viburnum propinquum* Hemsl.

属　　名： 荚蒾属 *Viburnum* L.

保护价值： 中国特有种子植物

形态特征： 常绿灌木，全株无毛。当年生小枝具凸起小皮孔。幼叶带紫色，厚革质，卵形、卵状披针形、椭圆形或椭圆状长圆形，基部楔形或近圆形，疏生浅锯齿，基部以上两侧各有 1 ~ 2 个腺体，具离基 3 出脉，脉延伸至叶中部或中部以上，近缘前网结，有时脉腋有集聚簇状毛，中脉和侧脉（有时连同小脉）上面凹陷。聚伞花序直径 4 ~ 5 cm，结果时达 7 cm，总花梗纤细。花生于第三级辐射枝；花梗细；萼筒长约 0.6 mm，萼齿宽三角状卵形；花冠绿白色，辐状，内面基部被长毛，裂片宽卵形，先端圆，约与筒部等长；雄蕊常稍高出花冠。果熟时蓝黑色，有光泽，近圆形或卵圆形。花期 3 ~ 5 月；果期 5 ~ 10 月。

物种分布： 分布于浙江南部、福建北部、台湾、江西、湖北、湖南、广东北部、广西、云南、贵州、四川、河南、陕西南部及甘肃南部。河南产于伏牛山南部；生于山谷林中或灌丛中。

核果

果实横切面

叶背面

枝、叶

244. 烟管荚蒾

学　　名： *Viburnum utile* Hemsl.

属　　名： 荚蒾属 *Viburnum* L.

保护价值： 中国特有种子植物

形态特征： 常绿灌木，高达 2 m。幼枝密被淡灰褐色星状毛，老枝棕褐色，冬芽无鳞片。叶革质，椭圆状卵形至卵状矩圆形，顶端钝，稀略尖，背面被灰白色星状毡毛，具 5～6 对下面隆起的侧脉。花序复伞形状，有星状毛；萼筒无毛，萼檐具 5 钝齿；花冠白色，在未开放前略带粉红色，辐射状，花冠筒长 1.5 mm；雄蕊 5，着生于近花冠筒基部，约等长于花冠。核果椭圆形，长约 7 mm，先红熟后黑；核扁，背具 2 浅槽、腹具 3 浅槽。花期 3～4 月；果期 8 月。

物种分布： 分布于河南、湖北、湖南、四川（东部）、贵州等地。河南产于伏牛山南部；生于山坡林缘或灌丛中。

花

花序

核果

叶背面

果序

枝、叶

（六十七）菊科 Asteraceae

245. 黄腺香青

学　　名： *Anaphalis aureopunctata* Lingelsheim & Borza

属　　名： 香青属 *Anaphalis* DC.

保护价值： 中国特有种子植物

形态特征： 多年生草本。根茎有长匍枝。茎被白色或灰白色蛛丝状绵毛，叶较疏。莲座状叶宽匙状椭圆形，下部渐窄成长柄，常被密绵毛；茎下部叶匙形或披针状椭圆形，有具翅的柄；中部叶基部沿茎下延成翅；上部叶披针状线形，叶正面被具柄腺毛及易脱落的蛛丝状毛，叶背面被白色或灰白色蛛丝状毛及腺毛，或脱毛。头状花序多数密集成复伞房状；总苞钟状或窄钟状，总苞片约5层，外层褐色，卵圆形，被绵毛；内层白色或黄白色，在雄株顶端宽圆，在雌株顶端钝或稍尖，最内层匙形或长圆形，有长爪。花期7～9月；果期9～10月。

物种分布： 分布于甘肃南部、广东北部、广西北部、贵州、河南西部、湖北西部、湖南、江西、青海、陕西南部、山西南部、四川、云南等地。河南产于太行山和伏牛山区；生于林缘、林下及草地。

花序

叶

头状花序、总苞片

叶下延成翅

植株

246. 毛华菊

学　　名： *Chrysanthemum vestitum* (Hemsley) Stapf

属　　名： 菊属 *Chrysanthemum* L.

保护价值： 中国特有种子植物

形态特征： 多年生草本，高约 80 cm。茎坚硬，基部木质，密被灰白色绒毛，有被密绒毛的腋芽或腋芽发育成短缩的营养枝。叶质厚，边缘有稀疏的粗大锯齿或近全缘，基部楔形而渐窄成叶柄，两面被灰白色绒毛，背面及脉上的毛更密厚，茎中部叶大，向下向上叶变小。头状花序直径 2 ~ 3 cm，单生于枝端及茎顶，排成疏散的伞房状；总苞杯状；外层总苞片叶状，被厚绒毛；中内层总苞片边缘膜质，褐色；舌状花白色，雌性；盘花筒状，两性，有黄色大腺体。瘦果稍扁，有 5 ~ 6 条不明显的纵肋，边肋宽膜质，无冠状冠毛。花果期 8 ~ 11 月。

物种分布： 分布于河南、安徽、湖北等地。河南产于太行山、伏牛山、桐柏山和大别山区；生于海拔 1 000 m 以下的山坡草地。

头状花序

总花序

叶背面

叶正面

植株

247. 山西蟹甲草

学　　名： *Parasenecio dasythyrsus* (Hand.–Mazz) Y. L. Chen

属　　名： 蟹甲草属 *Parasenecio* W. W. Sm. & J. Small

保护价值： 中国特有种子植物

形态特征： 多年生草本。茎下部被腺毛或近无毛，上部被蛛丝状毛或腺毛。中部茎生叶较密集，宽卵圆状心形或心形，边缘具深波状粗齿，掌状 7 脉，正面被褐色糙毛，背面被疏生蛛丝状毛和腺毛，叶柄被腺毛。头状花序在茎端排成窄圆锥状，花序梗长 3 ~ 4 mm，基部有 1 ~ 3 线形小苞片，花序轴和花序梗被蛛丝状毛和腺毛；总苞窄钟状或圆柱状，总苞片 4 ~ 5，宽线状披针形，边缘窄膜质，背面被疏腺毛。小花 5 ~ 6，花冠橙黄色，超出总苞。瘦果无毛；冠毛白色，约与花冠等长。花果期 8 ~ 9 月。

物种分布： 分布于甘肃东南部、陕西秦岭、山西中部及河南等地。河南产于太行山、伏牛山区；生于海拔 700 ~ 1 500 m 的山坡草地及灌丛阴湿处。

头状花序

瘦果、冠毛

小苞片、总苞片

总花序

植株

248. 中华蟹甲草

学　　名： *Parasenecio sinicus* (Ling) Y.L.Chen

属　　名： 蟹甲草属 *Parasenecio* W.W.Sm.& J.Small

保护价值： 中国特有种子植物

形态特征： 多年生草本。茎无毛。中部茎生叶肾形或宽卵状三角形，5 ~ 7 掌状深裂，裂片披针形或椭圆状披针形，基部心形或近心形，边缘有硬缘毛和有疏软骨质小尖或波状细齿，中裂片较大，侧生裂片常具 1 小裂片，正面沿脉被褐色糙毛，背面苍白色，无毛，叶柄具窄翅；上部叶戟状 3 裂；最上部叶极小具短柄。头状花序多数，在茎端或上部叶腋排成疏散宽圆锥花序，花序梗粗，花序轴被褐色毛，基部有 2 ~ 3 钻形小苞片；总苞圆柱形，总苞片 7 ~ 8，线状披针形或线形，被乳头状微毛，背面无毛。小花 10 ~ 14，花冠黄色或淡紫色。瘦果长圆状圆柱形，无毛，具肋，褐色；冠毛红褐色。花期 7 ~ 8 月；果期 9 月。

物种分布： 分布于河南西部及陕西秦岭地区。河南产于伏牛山区；生于海拔 1 000 m 以上的山坡或山谷林下阴湿处。

花序

总花序

茎、叶

植株

249. 心叶帚菊

学　　名： *Pertya cordifolia* Mattf.

属　　名： 帚菊属 *Pertya* Sch.Bip.

保护价值： 中国特有种子植物

形态特征： 落叶亚灌木，高 30 ~ 100 cm。叶互生，宽卵形，长 5 ~ 7 cm，宽 3.5 ~ 6 cm，顶端渐尖，基部心形，边缘有疏细齿或微波状浅齿，基部 3 ~ 5 出脉，正面绿色，背面稍苍白色；叶柄长 3 ~ 5 mm，基部膨大包围芽。头状花序顶生或腋生，3 ~ 8 个聚成球形；总苞筒状钟形；总苞片约 7 层，外层总苞片极小，卵形，内层卵状披针形或条状披针形，顶端稍钝头，外面被淡褐色丝状毛；花两性，白色，5 深裂，裂片狭条形。瘦果长约 6 mm，具条棱，被丝状毛；冠毛污白色。花期 9 月；果熟期 10 月。

物种分布： 分布于广东、湖南、江西、安徽、河南等地。河南产于伏牛山区；生于海拔 1 000 m 以上的山坡灌丛及林下。

头状花序

果

枝、叶

250. 蚂蚱腿子

学　　名： *Pertya dioica* (Bunge) S. E. Freire

属　　名： 帚菊属 *Pertya* Sch.Bip.

保护价值： 中国特有种子植物

形态特征： 落叶小灌木，高 50 ~ 80 cm。枝被短细毛。叶互生，宽披针形至卵形，长 2 ~ 4 cm，宽 0.5 ~ 2 cm，顶端渐尖，基部楔形至圆形，全缘，两面无毛，具主脉 3 条。头状花序单生于侧生短枝端，先叶开花；总苞钟状；总苞片 5 ~ 8，长椭圆形，外面被紧贴的绢毛；雌花和两性花异株；雌花舌状花，淡紫色，冠毛多列；两性花，花冠白色筒状，二唇形，外唇舌状，3 ~ 4 短裂，内唇小，全缘或 2 裂。瘦果稍呈圆柱形，被毛；冠毛白色，两性花冠毛 2 ~ 4 条。花期 4 月；果熟期 5 ~ 6 月。

物种分布： 分布于东北、华北及陕西、河南、湖北等地。河南产于伏牛山、太行山区；生于山坡、山脊灌丛及林缘。

枝、叶

果期

花期

总苞片、冠毛

头状花序

枝、叶背面

251. 瓜叶帚菊

学　　名： *Pertya henanensis* Y. C. Tseng

属　　名： 帚菊属 *Pertya* Sch.Bip.

保护价值： 中国特有种子植物

形态特征： 直立草本。茎无毛。幼枝密被柔毛，后渐脱落，节间长 3 ~ 4 cm。叶互生，卵形或宽卵形，先端渐尖，具芒状小尖头，基部宽楔形、圆钝或平截，边缘具角状疏粗齿，正面沿脉被疏毛，背面被长柔毛，有缘毛，基出脉 3 或 5，侧脉弯拱。头状花序在枝顶腋生，单生或双生；总苞圆筒形，总苞片 6 ~ 7 层，背部有深纵槽，被长柔毛，有缘毛，外层卵形，先端近圆形，向内为长卵形或长圆形，先端渐窄或钝，最内层线形，先端稍尖。花两性，花冠管状，檐部裂片约与管部等长。瘦果圆柱形，无毛或顶部疏被柔毛；冠毛污白色。花期 9 月。

物种分布： 分布于安徽、福建、河南西部及四川南部等地。河南产于伏牛山区；生于海拔 950 ~ 1 110 m 的山顶疏林下或山谷密林中。

叶

头状花序

枝、叶

252. 华帚菊

学　　名：*Pertya sinensis* Oliv.

属　　名：帚菊属 *Pertya* Sch.Bip.

保护价值：中国特有种子植物

形态特征：落叶灌木，高 1 ~ 2 m，雌雄异株。叶在老枝上簇生，在当年生枝上互生，条状披针形或椭圆状披针形，顶端急尖或渐尖，基部圆形或渐狭成短叶柄，主脉 1 条，全缘，两面无毛或疏被短柔毛。头状花序单生于二年生短侧枝的叶簇间，梗长 2 ~ 3 cm；总苞狭钟状，总苞片 10 ~ 23；雄头状花序长 10 mm，具 9 ~ 10 小花，冠毛长 7 mm；雌头状花序长约 18 mm，具 4 ~ 5 小花，冠毛长约 10 mm；花白色，花冠 5 深裂。瘦果倒卵状矩圆形，被毛。花期 7 月；果熟期 8 月。

物种分布：分布于青海东部、甘肃、宁夏、陕西、山西南部、河南西部、湖北西部及四川东部等地。河南产于太行山和伏牛山区；生于山坡路旁、草地、灌丛及林下。

总苞

枝、叶

枝、叶、花序

叶背面

253. 心叶风毛菊

学　　名： *Saussurea cordifolia* Hemsl.

属　　名： 风毛菊属 *Saussurea* DC.

保护价值： 中国特有种子植物

形态特征： 多年生草本。茎无毛。中下部茎生叶心形，长宽各 10 ~ 18 cm，有粗齿，叶柄长 8 ~ 10 cm；上部叶心形或卵形，有锯齿，有短柄或无柄；叶正面疏被糙毛，背面无毛。头状花序具长梗，排成疏散伞房状或伞房圆锥状；总苞钟状，直径 0.8 ~ 1.5 cm，总苞片 5 层，有草质、渐尖附属物，外层卵形，长 7 mm，中层卵形或长圆形，内层线形；小花紫红色。瘦果圆柱状，褐色，无毛；冠毛浅褐色。花期 8 ~ 9 月；果熟期 9 ~ 10 月。

物种分布： 分布于河南、安徽、浙江、湖北、湖南、贵州、四川及陕西等地。河南产于太行山、伏牛山、大别山、桐柏山区；生于海拔 1 800 m 以下的山坡草地、灌丛中。

头状花序

叶背面

叶

茎、叶

总花序

（六十八）天南星科 Araceae

254. 灯台莲

学　　名： *Arisaema bockii* Engler

属　　名： 天南星属 *Arisaema* Mart.

保护价值： 中国特有种子植物

形态特征： 多年生宿根草本，块茎扁球形。鳞叶 2，膜质叶 2；叶鸟足状 5 ~ 7 裂，裂片卵形、卵状长圆形或长圆形，全缘或具锯齿，中裂片具长 0.5 ~ 2.5 cm 的柄，长 13 ~ 18 cm，侧裂片具短柄或无，外侧裂片无柄，较小，内侧基部楔形，外侧圆或耳状；叶柄长 20 ~ 30 cm，下部 1/2 呈鞘筒状，鞘筒上缘几平截。花序梗略短于叶柄或几等长；佛焰苞淡绿色或暗紫色，具淡紫色条纹，管部漏斗状；雄肉穗花序圆柱形，花疏，雄花近无梗；雌花序近圆锥形，花密，雌花子房卵圆形，柱头圆，胚珠 3 ~ 4；附属器具细柄，直立，上部棒状或近球形。果序圆锥状；浆果黄色，长圆锥状。种子 1 ~ 3。花期 5 月；果期 8 ~ 9 月。

物种分布： 分布于江苏、安徽、浙江、江西、福建、河南、湖北、湖南、广东、广西、陕西、四川、贵州等地。河南产于太行山、伏牛山、桐柏山及大别山区；生于山坡林下或沟谷岩石上。

佛焰花序

佛焰苞、雄肉穗花序、附属器

雌花序（果期）

植株

255. 一把伞南星

学　　名： *Arisaema erubescens*（Wall.）Schott

属　　名： 天南星属 *Arisaema* Mart.

形态特征： 多年生宿根草本，块茎扁球形，直径达 6 cm。鳞叶绿白色或粉红色，有紫褐色斑纹。叶 1，极稀 2；叶放射状分裂，幼株裂片 3 ~ 4，多年生植株裂片多至 20，披针形、长圆形或椭圆形，无柄，长渐尖，具线形长尾或无；叶柄长 40 ~ 80 cm，中部以下具鞘，红色或深绿色，具褐色斑块。花序梗比叶柄短，色泽与斑块和叶柄同，直立；佛焰苞绿色，背面有白色条纹，或淡紫色，管部圆筒形，喉部边缘平截或稍外卷，檐部三角状卵形或长圆状卵形，先端渐窄，略下弯；雄肉穗花序长 2 ~ 2.5 cm，花密；附属器棒状或圆柱形；雄花序附属器下部光滑或有少数中性花。雄花具短梗，淡绿色、紫色或暗褐色；雌花子房卵圆形，无花柱。浆果红色。花期 5 ~ 7 月；果期 9 月。

物种分布： 分布于河北、山西、河南、陕西、甘肃、湖北、四川等地。河南各山区均产；生于山坡、林缘、阴湿山沟中。

叶

浆果

雌花序、附属器

果序

植株

佛焰花序

256. 花南星

学　　名： *Arisaema lobatum* Engl.

属　　名： 天南星属 *Arisaema* Mart.

保护价值： 中国特有种子植物

形态特征： 多年生宿根草本，块茎扁球形，直径 2 ~ 4 cm。假茎高 20 ~ 40 cm，有黑紫斑纹，具 1 ~ 2 叶。小叶 3，中间 1 片宽卵形至椭圆形，顶端渐尖，具长 2 ~ 4 cm 的小叶柄，侧生小叶近于无柄，椭圆形至矩圆形，基部两侧不相称，外侧有时具 1 浅裂片。雌雄异株；总花梗约等长于叶柄，佛焰苞白色或绿色，下部近漏斗形，直立，或带紫褐色、顶端具长达 2 cm 的尾尖；肉穗花序等高于或稍伸出佛焰苞口部，附属器圆柱状，具短柄，基底平截；雄花具 2 ~ 3 花药，花药顶孔开裂。果序长 4 ~ 8 cm，浆果红色。花期 4 ~ 7 月；果期 8 ~ 9 月。

物种分布： 分布于云南、贵州、四川、甘肃、陕西、广西、湖南、湖北、河南、江西、浙江、安徽等地。河南产于伏牛山、大别山、桐柏山区；生于林下、草坡或荒地。

叶

果序

佛焰花序

（六十九）禾本科 Poaceae

257. 箭竹

学　　名：*Fargesia spathacea* Franch.

属　　名：箭竹属 *Fargesia* Franch.

保护价值：中国特有种子植物

形态特征：灌木，地下茎为单轴型。秆高 1 ~ 4 m，节间长 4 ~ 7 cm，粗 1.2 ~ 3 mm，棕紫色，每节簇生多数小枝。叶鞘在每一具叶小枝上为少数乃至数枚，长 2 ~ 3 cm，无毛，常为棕红色，最上一枚常于鞘口具繸毛；叶片长 6 ~ 10 cm，宽 6 ~ 11 mm，无毛，次脉 3 ~ 4 对，小横脉明显。总状花序顶生，长 2.5 ~ 4 cm，密生偏于一侧的多数小穗，花序下托以数枚佛焰苞，因最上的苞片等长或超过花序，致使小穗从一侧外露；小穗长 12 ~ 16 mm，含 2 ~ 4 花，成熟时呈紫色或黄棕色。

物种分布：分布于陕西、河南、甘肃、四川、云南等地。河南产于伏牛山区；生于海拔 1 600 m 以上的山坡或林下。

花序

秆、枝、叶

植株

（七十）姜科 Zingiberaceae

258. 蘘荷 郁荷

学　　名： *Zingiber mioga* (Thunb.) Rosc.

属　　名： 姜属 *Zingiber* Boehm.

形态特征： 多年生草本，高 0.6 ~ 1 m。根状茎淡黄色，具辛辣味。叶条状披针形，长 20 ~ 30 cm，宽 3 ~ 6 cm，顶端尾尖，两面均无毛或背面中脉附近被长毛；叶舌 2 裂，膜质，下部的长达 1.2 cm，上部的长仅 3 ~ 4 mm。穗状花序椭圆形，单独由根状茎发出；总花梗通常短，长 1 ~ 6 cm；苞片卵状矩圆形；花萼管状；花冠管长 4 ~ 5 cm，裂片披针形，长 2 ~ 3 cm，白色；唇瓣淡黄色而中部颜色较深，倒卵形，约与花冠裂片等长；药隔顶端附属体长约 1 cm。蒴果卵形，3 裂。花期 8 ~ 10 月。

物种分布： 分布于我国东南部。河南产于伏牛山、大别山及桐柏山区；生于山谷林下阴湿处。

叶

根状茎

植株

（七十一）百合科 Liliaceae

259. 玉簪叶山葱 玉簪叶韭

学　　名：*Allium funckiifolium* Hand.–Mzt.

属　　名：葱属 *Allium* L.

保护价值：中国特有种子植物；易危

形态特征：多年生草本，具根状茎。鳞茎狭卵状柱形，常数枚聚生，鳞茎外皮灰褐色，条裂。花莛圆柱形，高 30 ~ 50 cm，中部以下具叶鞘。叶条形，与花莛近等长。总苞比花序短，具短喙；伞形花序多花，松散；花梗为花被的 2 ~ 4 倍长，无苞片；花被片 6，红色，外轮的舟状卵形，内轮的卵状矩圆形，顶端近截平；花丝长为花被的 1.5 ~ 2 倍，基部合生并与花被贴生，内轮的基部两侧各具 1 枚有 1 至数齿的裂片；子房基部具 3 个有盖的凹穴；花柱伸出花被外。花果期 8 ~ 10 月。

物种分布：分布于河南、陕西、湖北西部、四川东部等地。河南产于伏牛山南部；生于海拔 1 500 m 以上的阴湿山沟、林下。

伞形花序

叶

总苞

植株

260. 对叶山葱 对叶韭

学　　名： *Allium listera* Stearn

属　　名： 葱属 *Allium* L.

保护价值： 中国特有种子植物

形态特征： 多年生草本。鳞茎单生或簇生，近圆筒状，鳞茎皮淡灰棕色至微黑棕色，网状。叶 2；叶柄长 2～10 cm；叶椭圆形至卵圆形，长 8～12 cm，宽 3～9.5 cm，基部心形至圆形，先端锐尖或渐尖。花莛 25～80 cm，圆柱状，被叶鞘覆盖达 1/4～1/2 其长度。佛焰苞 2 瓣裂，宿存。伞形花序球状。花梗 2～4 倍于花被，无小苞片。花被白色或者稍微染绿色，极少微染红色；外部的裂片舟状，先端钝；内部的椭圆状卵形，先端钝，通常具小齿；花丝 1.3～2 倍于花被片，在基部合生和贴生于花被片；外部的钻形，内部的狭三角形。花果期 6～8 月。

物种分布： 分布于安徽、河北、河南、吉林、陕西、山西等地。河南产于太行山、伏牛山、桐柏山、大别山区；生于海拔 1 500 m 以上的阴湿山沟、林下。

植株

叶

鳞茎、根

花序

261. 大百合

学　　名：*Cardiocrinum giganteum* (Wall.) Makino

属　　名：大百合属 *Cardiocrinum* (Endl.) Lindl.

形态特征：多年生宿根植物。鳞茎由基生叶柄膨大后组成，花序长出后凋萎；具鳞茎皮；小鳞茎高 3.5 cm，直径 2 cm。茎高 1 ~ 2 m。茎生叶似轮生；基部心脏形；叶脉网状，柄长 7 ~ 32 cm。总状花序，花多至 12 或较少；苞片叶状，矩圆状匙形；花狭喇叭状，白色，具短梗；花被片 6，条状匙形，长 12 ~ 14 cm，宽 1.5 ~ 2 cm，内面具淡紫红色条纹。蒴果椭圆形，长 5 cm，直径 3.5 cm，3 瓣裂。花期 6 ~ 7 月；果期 9 ~ 10 月。

物种分布：分布于甘肃、广东、广西、贵州、河南、湖北、湖南、陕西、四川、西藏南部、云南等地。河南产于大别山、桐柏山及伏牛山区；生于林下阴湿处。

蒴果

花

植株

262. 荞麦叶大百合

学　　名： *Cardiocrinum cathayanum* (Wilson) Stearn

属　　名： 大百合属 *Cardiocrinum* (Endl.) Lindl.

保护价值： 国家二级重点保护野生植物；中国特有种子植物

形态特征： 多年生宿根植物，小鳞茎高 2.5 cm，直径 1.2 ~ 1.5 cm。茎高达 1.5 m，直径 1 ~ 2 cm。叶纸质，卵状心形或卵形，基部心形，具网状脉；叶柄长 6 ~ 20 cm，基部宽。总状花序有 3 ~ 5 花。花梗粗短，每花具 1 苞片，苞片长圆状披针形，花期宿存；花乳白色或淡绿色，内具紫纹；花被片线状倒披针形，长 13 ~ 15 cm。蒴果近球形，成熟时红棕色。花期 7 ~ 8 月；果期 8 ~ 9 月。

物种分布： 分布于安徽、福建、河南、湖北、湖南、江苏、江西、浙江等地。河南产于大别山、桐柏山和伏牛山区；生于山坡林下阴湿处。

果序、蒴果

花

花序

鳞茎、根

茎、叶

植株

263. 安徽贝母

学　　名： *Fritillaria anhuiensis* S. C. Chen & S. F. Yin

属　　名： 贝母属 *Fritillaria* L.

保护价值： 国家二级重点保护野生植物；中国特有种子植物；易危

形态特征： 多年生宿根草本，植株高达 50 cm。鳞茎直径 1 ~ 2 cm，由 2 ~ 3 片肾形大鳞片包着 6 ~ 50 米粒状、卵圆形、窄披针形、近棱角形的小鳞片，小鳞片大小不等。叶 6 ~ 18，多对生或轮生，长 10 ~ 15 cm，宽 0.5 ~ 2 cm，先端不卷曲。花 1 ~ 2，淡黄白色或黄绿色，具紫色斑点或方格，在栽培植株中有时出现具纯白色或紫色花的植株；叶状苞片与下面叶合生或不合生，先端不卷曲；花梗长 1 ~ 3 cm；花被片长圆形或窄椭圆形，长 3 ~ 5 cm，蜜腺窝明显突出，蜜腺长圆形，离花被片基部约 1 cm；花丝无小乳突。蒴果棱上具宽翅，翅宽 0.5 ~ 1 cm。花期 3 ~ 4 月；果期 5 ~ 6 月。

物种分布： 分布于安徽、河南及湖北等地。河南产于大别山、桐柏山及伏牛山区；生于山坡灌丛草地或沟谷林下。

花

花序

鳞茎

植株

264. 川贝母

学　　名： *Fritillaria cirrhosa* D. Don

属　　名： 贝母属 *Fritillaria* L.

保护价值： 国家二级重点保护野生植物；近危

形态特征： 多年生宿根草本，植株长 15 ~ 50 cm。鳞茎由 2 枚鳞片组成，直径 1 ~ 1.5 cm。叶通常对生，少数在中部兼有散生或 3 ~ 4 枚轮生的，条形至条状披针形，先端稍卷曲或不卷曲。花通常单朵，极少 2 ~ 3，紫色至黄绿色，通常有小方格，少数仅具斑点或条纹；每花有 3 枚叶状苞片，苞片狭长，宽 2 ~ 4 mm；花被片长 3 ~ 4 cm，外 3 片宽 1 ~ 1.4 cm，内 3 片宽可达 1.8 cm，蜜腺窝在背面明显突出；雄蕊长约为花被片的 3/5，花药近基着，花丝稍具或不具小乳突，柱头裂片长 3 ~ 5 mm。蒴果长宽各约 1.6 cm，棱上只有宽 1 ~ 1.5 mm 的狭翅。花期 5 ~ 7 月；果期 8 ~ 10 月。

物种分布： 分布于西藏、云南、四川、河南、甘肃、青海、宁夏、陕西（西安）等地。河南产于伏牛山、大别山、桐柏山区；生于林下、灌丛、草地、山谷湿地中。

苞片

茎、叶

花侧面

鳞茎

265. 天目贝母

学　　名：*Fritillaria monantha* Migo

属　　名：贝母属 *Fritillaria* L.

保护价值：国家二级重点保护野生植物；中国特有种子植物；濒危

形态特征：多年生宿根草本，植株高 0.6～1 m。鳞茎由 2～3 枚鳞片组成，直径 1.2～2 cm。叶对生、轮生兼有散生，椭圆状披针形、长圆形或披针形，先端不卷曲或稍卷曲，长 5～12 cm，宽 1.5～3 cm。花 1～4，淡黄色或淡紫色，具黄褐色或紫色方格纹或斑点；叶状苞片与下面叶合生，稀不合生，先端不卷曲或卷曲；花梗长 1～3.5 cm 或更长；花被片长圆状倒披针形，蜜腺窝在背面突起，蜜腺披针形或三角形，离基部近 0.5 cm，蜜腺长 0.6～1 cm，花丝无乳突或稍具乳突；花柱柱头 3 裂。蒴果棱上具翅。花期 4～6 月；果期 6～7 月。

物种分布：分布于浙江西北部、安徽、江西北部、湖南西北部、湖北、四川东部、贵州东北部及河南等地。河南产于伏牛山南部、桐柏山及大别山区；生于林下、水边或潮湿处。

蒴果

茎、叶

266. 浙贝母

学　　名：*Fritillaria thunbergii* Miq.

属　　名：贝母属 *Fritillaria* L.

保护价值：国家二级重点保护野生植物

形态特征：多年生宿根草本，高达 80 cm。鳞茎直径 1.5 ~ 3 cm，鳞片 2 枚，栽培时可出现 3 枚。叶对生、轮生或散生，最下一轮叶对生或互生，披针形或线状披针形，先端稍曲。花 1 ~ 6，淡黄色；花被片内面有时具不明显的方格；顶端花其叶状苞片多与下面叶合生，其余花叶状苞片多不与下面叶合生，先端卷曲；花被片长圆状倒卵形，长 2 ~ 3 cm，宽 1 ~ 1.8 cm，蜜腺窝不明显突起，花被片在蜜腺处弯成钝角，蜜腺卵形或椭圆形，离花被片基部约 0.3 cm，蜜腺长约 0.5 cm；花丝无乳突；柱头裂片长 1.5 ~ 3 mm。蒴果棱上具翅。花期 3 ~ 4 月；果期 5 月。

物种分布：分布于江苏南部、浙江、安徽、湖北、湖南、四川东部及河南东南部。河南产于大别山及伏牛山区；生于海拔 800 m 以下的林下、灌丛或竹林下。

蒴果

茎、叶

267. 野百合

学　　名： *Lilium brownii* F. E. Brown ex Miellez

属　　名： 百合属 *Lilium* L.

保护价值： 中国特有种子植物

形态特征： 多年生宿根草本，鳞茎球形，直径 2～4.5 cm。鳞片披针形，长 1.8～4 cm，无节。茎高达 2 m，有的有紫纹，有的下部有小乳头状突起。叶散生，披针形、窄披针形或线形，全缘，无毛。花单生或几朵成近伞形花序。花梗长 3～10 cm；苞片披针形，长 3～9 cm，花喇叭形，有香气，乳白色，外面稍紫色，向外张开或先端外弯，长 13～18 cm；外轮花被片宽 2～4.3 cm，内轮花被片宽 3.4～5 cm，蜜腺两侧具小乳头状突起。蒴果长 4.5～6 cm，直径约 3.5 cm，有棱。花期 5～6 月；果期 9～10 月。

物种分布： 分布于河北、山东东部、安徽、浙江、福建、江西、湖北、湖南、广东、广西、云南、贵州、四川、甘肃南部、陕西南部及河南等地。河南产于太行山、大别山、桐柏山和伏牛山区；生于山坡、灌丛、林下、路旁、溪边或石缝中。

鳞茎

花

花药、柱头

叶

花侧面

268. 百合

学　　名：*Lilium brownii* var. *viridulum* Baker

属　　名：百合属 *Lilium* L.

形态特征：本变种与野百合的区别在于叶倒披针形至倒卵形。花期 5 ~ 6 月；果期 9 ~ 10 月。

物种分布：分布于河北、山西、河南、陕西、湖北、湖南、江西、安徽和浙江等地。河南各山区均产；生于山坡草丛中、疏林下、山沟旁、地边，或村旁也有栽培。

花

蒴果

花侧面

叶倒披针形至倒卵形

植株

269. 渥丹

学　　名： *Lilium concolor* Salisb.

属　　名： 百合属 *Lilium* L.

形态特征： 多年生宿根草本，鳞茎卵球形，高 2 ~ 3.5 cm，直径 2 ~ 3.5 cm。鳞片卵形或卵状披针形，白色，鳞茎上方茎上有根。茎高 30 ~ 50 cm，少数近基部带紫色，有小乳头状突起。叶散生，条形，长 3.5 ~7 cm，宽 3 ~ 6 mm，脉 3 ~ 7 条，边缘有小乳头状突起，两面无毛。花 1 ~ 5 朵排成近伞形或总状花序；花梗长 1.2 ~ 4.5 cm；花直立，星状开展，深红色，无斑点，有光泽；花被片矩圆状披针形，蜜腺两边具乳头状突起；雄蕊向中心靠拢；无毛，花药长矩圆形，长约 7 mm；子房圆柱形；花柱稍短于子房，柱头稍膨大。蒴果矩圆形，长 3 ~ 3.5 cm，宽 2 ~ 2.2 cm。花期 6 ~ 7 月；果期 8 ~ 9 月。

物种分布： 分布于河南、河北、山东、山西、陕西和吉林等地。河南产于太行山、大别山、桐柏山和伏牛山区；生于山坡草丛、路旁、灌木林下。

鳞茎

花

花序

茎、叶

270. 山丹

学　　名： *Lilium pumilum* DC.

属　　名： 百合属 *Lilium* L.

形态特征： 多年生宿根草本。鳞茎卵形或圆锥形，高 2.5 ~ 4.5 cm，直径 2 ~ 3 cm，鳞片矩圆形或长卵形，白色。茎高 15 ~ 60 cm，有小乳头状突起，有的带紫色条纹。叶散生于茎中部，条形，长 3.5 ~ 9 cm，宽 1.5 ~ 3 mm，中脉下面突出，边缘有乳头状突起。花单生或数朵排成总状花序，鲜红色，通常无斑点，有时有少数斑点，下垂；花被片反卷，蜜腺两边有乳头状突起；花丝无毛，花药长椭圆形，长约 1 cm，黄色，花粉近红色；子房圆柱形，长 0.8 ~ 1 cm；花柱稍长于子房或长 1 倍多，柱头膨大，直径 5 mm，3 裂。蒴果矩圆形。花期 7 ~ 8 月；果期 9 ~ 10 月。

物种分布： 分布于河北、河南、山西、陕西、宁夏、山东、青海、甘肃、内蒙古、黑龙江、辽宁和吉林等地。河南产于太行山、大别山、桐柏山和伏牛山区；生于山坡、灌丛、林下、路旁、溪边或石缝中。

花、雌雄蕊

花

鳞茎

茎、叶

花序

271. 川百合

学　　名： *Lilium davidii* Duchartre ex Elwes

属　　名： 百合属 *Lilium* L.

保护价值： 中国特有种子植物

形态特征： 多年生宿根草本。鳞茎扁球形或宽卵形，高 2 ~ 4 cm，直径 2 ~ 4.5 cm；鳞片宽卵形至卵状披针形，白色。高 50 ~ 100 cm，有的带紫色，密被小乳头状突起。叶多数，散生，在中部较密集，条形，先端急尖，边缘反卷并有明显的小乳头状突起，中脉明显，往往在上面凹陷，在背面凸出，叶腋有白色绵毛。花单生或 2 ~ 8 朵排成总状花序；苞片叶状；花梗长 4 ~ 8 cm；花下垂，橙黄色，向基部约 2/3 有紫黑色斑点；内轮花被片比外轮花被片稍宽，蜜腺两边有乳头状突起，花药长 1.4 ~ 1.6 cm，花粉深橘红色；子房圆柱形；花柱长为子房的 2 倍以上，柱头膨大，3 浅裂。蒴果长矩圆形。花期 7 ~ 8 月；果期 9 月。

物种分布： 分布于四川、云南、陕西、甘肃、河南、山西和湖北等地。河南产于伏牛山、太行山区；生于山坡草地、林下潮湿处或林缘。

花

叶、花、苞片

茎、叶

272. 禾叶山麦冬

学　　名： *Liriope graminifolia* (L.) Baker

属　　名： 山麦冬属 *Liriope* Lour.

保护价值： 中国特有种子植物

形态特征： 多年生常绿草本。根细或稍粗，分枝多。根状茎短或稍长，具地下匍匐茎。茎很短，常丛生。叶基生，密集成丛，禾叶状，顶端钝或渐尖，具 5 条脉。花葶长 20～48 cm，稍短于叶；总状花序轴长 6～15 cm，具许多花；花通常 3～5 朵簇生于苞片腋内，苞片卵形，顶端具长尖；花梗长约 4 mm，关节位于近顶端；花被片 6，狭矩圆形或矩圆形，顶端钝圆，白色或淡紫色；子房上位，近球形，3 裂；花柱长约 2 mm，稍粗，柱头与花柱等宽。种子卵圆形或近球形，直径 4～5 mm。花期 6～8 月；果期 9～11 月。

物种分布： 分布于安徽、福建、甘肃、广东、贵州、河北、河南、湖北、江苏、江西、陕西、山西、四川、台湾、浙江等地。河南产于各山区；生于山坡、山谷林下、灌丛中或山沟阴湿处、石缝中。

花

种子

块根

叶

果序

花序

植株

273. 西藏洼瓣花

学　　名： *Lloydia serotina* (L.) Rchb.

属　　名： 洼瓣花属 *Lloydia* Reichenbach

形态特征： 多年生草本植物，高 10 ~ 30 cm。鳞茎顶端延长、开裂。基生叶 3 ~ 10，宽 1.5 ~ 3 mm，边缘通常无毛；茎生叶 2 ~ 3，向上逐渐过渡为苞片，通常无毛，极少在茎生叶和苞片的基部边缘有少量疏毛；花 1 ~ 5；花被片长 13 ~ 20 mm，黄色，有淡紫绿色脉；内花被片宽 6 ~ 8 mm，内面下部或近基部两侧各有 1 ~ 4 个鸡冠状褶片，外花被片宽度约为内花被片的 2/3；内外花被片内面下部通常有长柔毛，较少无毛；雄蕊长约为花被片的一半，花丝除上部外均密生长柔毛；柱头近头状，稍 3 裂。花期 5 ~ 7 月。

物种分布： 分布于西藏、四川、湖北、陕西、甘肃、山西、河南等地。河南产于伏牛山、太行山区。生于海拔 2 000 m 以上的山坡或草地上。

花序

花

花侧面

植株

274. 七叶一枝花

学　　名： *Paris polyphylla* Smith

属　　名： 重楼属 *Paris* L.

保护价值： 国家二级重点保护野生植物；近危

形态特征： 多年生草本植物，高 35 ~ 100 cm。根状茎粗厚，直径达 2.5 cm，棕褐色，其上密生有多数环节。茎通常带紫色，基部具 1 ~ 3 枚膜质鞘。叶 5 ~ 10，轮生茎顶，矩圆形、椭圆形或倒卵状披针形，顶端短尖或渐尖，基部圆形或楔形，叶柄长 5 ~ 6 cm，带紫红色；花梗长 5 ~ 16 cm；外轮花被片绿色，3 ~ 6，卵状披针形或披针形，内轮花被片条形，通常远比外轮的长；子房圆锥形，具 5 ~ 6 棱，顶端具一盘状花柱基，花柱粗短，分枝 4 ~ 5。花期 4 ~ 7 月；果期 8 ~ 11 月。

物种分布： 分布于安徽、福建、甘肃、广东、广西、贵州、河南、湖北、湖南、江苏、江西、陕西、山西、四川、台湾、西藏、云南、浙江等地。河南产于伏牛山、太行山、桐柏山、大别山区；生于林下或山谷阴湿处。

花

根状茎

植株

275. 狭叶重楼

学　　名： *Paris polyphylla* var. *stenophylla* Franch.

属　　名： 重楼属 *Paris* L.

保护价值： 国家二级重点保护野生植物；近危

形态特征： 多年生草本植物。叶 8～22，轮生，披针形、倒披针形或条状披针形，有时略微弯曲成镰刀状，长 5.5～19 cm，通常宽 1.5～2.5 cm，很少为 3～8 mm，先端渐尖，基部楔形，具短叶柄。外轮花被片叶状，5～7，狭披针形或卵状披针形，长 3～8 cm，宽 0.5～1.5 cm，先端渐尖头，基部渐狭成短柄；内轮花被片狭条形，远比外轮花被片长；雄蕊 7～14，花药长 5～8 mm，与花丝近等长；药隔突出部分极短；子房近球形，暗紫色，花柱明显，顶端具 4～5 分枝。花期 6～8 月；果期 9～10 月。

物种分布： 分布于四川、贵州、云南、西藏、广西、湖北、湖南、福建、台湾、江西、浙江、江苏、安徽、山西、河南、陕西和甘肃等地。河南产于伏牛山区；生于林下或草丛阴湿处。

雌、雄蕊

叶、花

植株

根状茎、根

276. 宽叶重楼

学　　名： *Paris polyphylla* var. *latifolia* Wang et Chang

属　　名： 重楼属 *Paris* L.

保护价值： 国家二级重点保护野生植物

形态特征： 多年生草本植物。与狭叶重楼相比叶较宽，通常为倒卵状披针形或宽披针形，长 12 ~ 15 cm，宽 2 ~ 4（~6）cm，幼果外面有疣状突起，成熟后更为明显。花期 5 月；果期 7 ~ 9 月。

物种分布： 分布于安徽、河南、湖北、江西、陕西、山西等地。河南产于伏牛山、太行山、大别山、桐柏山区；生于海拔 1 000 ~ 2 300 m 的山坡林下。

蒴果

果皮、种子

花被片、子房

植株

根状茎、根

277. 多花黄精

学　　名：*Polygonatum cyrtonema* Hua

属　　名：黄精属 *Polygonatum* Mill.

保护价值：中国特有种子植物；近危

形态特征：多年生草本植物。根状茎肥厚，通常呈连珠状或结节成块，稀圆柱形，直径 1 ~ 2 cm。茎高 50 ~ 100 cm。叶互生，椭圆形、卵状披针形至矩圆状披针形，稀稍作镰状弯曲，长 10 ~ 18 cm，顶端尖至渐尖。花序腋生，呈伞形状，具 1 ~ 7 花，总花梗长 1 ~ 4 cm，花梗长 0.5 ~ 1.5 cm，苞片微小或不存在；花被黄绿色，合生成筒状，裂片 6，长约 3 mm。浆果直径约 1 cm，熟时黑色。花期 5 ~ 6 月；果期 8 ~ 10 月。

物种分布：分布于河南以南及长江流域各地，东至福建，南达广东北部，西至四川等地。河南产于伏牛山、大别山和桐柏山区；生于林下、灌丛和阴坡草地。

果序

浆果

根状茎、根

茎、叶

茎、叶背面、花序

278. 玉竹

学　　名： *Polygonatum odoratum* (Mill.) Druce

属　　名： 黄精属 *Polygonatum* Mill.

形态特征： 多年生草本植物。根状茎圆柱形，结节不粗大，直径 5 ~ 14 mm。茎高 20 ~ 50 cm。叶互生，椭圆形至卵状矩圆形，长 5 ~ 12 cm，顶端尖。花序腋生，具 1 ~ 3 花（在栽培情况下，可多至 8），总花梗长 1 ~ 1.5 cm；花被白色或顶端黄绿色，合生成筒状，全长 15 ~ 20 cm，裂片 6，长约 3 mm。浆果直径 7 ~ 10 mm，蓝黑色。花期 5 ~ 6 月；果期 7 ~ 9 月。

物种分布： 分布于东北、华北、内蒙古、甘肃、青海、四川、湖北、河南、安徽、江苏、江西等地。河南各山区均产；生于林下或阴坡草地、灌丛中。

花

花序

茎、叶背面、花序

浆果

叶

根状茎

枝、叶

279. 黄精

学　　名：*Polygonatum sibiricum* Delar. ex Redoute

属　　名：黄精属 *Polygonatum* Mill.

形态特征：多年生草本植物。根状茎圆柱形，节间长 4 ~ 10 cm，一头粗，一头细，直径 1 ~ 2 cm。茎高 50 ~ 90 cm，有时呈攀缘状。叶轮生，每轮 4 ~ 6 枚，条状披针形，顶端拳卷或弯曲成钩。花序常具 2 ~ 4 花，呈伞形，俯垂，总花梗长 1 ~ 2 cm，花梗长 4 ~ 10 mm；苞片膜质，长 3 ~ 5 mm，位于花梗基部；花被乳白色至淡黄色，全长 9 ~ 12 mm，合生成筒状，裂片 6，长约 4 mm。浆果直径 7 ~ 10 mm，熟时黑色。花期 5 ~ 6 月；果期 8 ~ 9 月。

物种分布：分布于东北、河北、山西、陕西、内蒙古、宁夏、甘肃、河南、山东、安徽、浙江等地。河南各山区均产；生于林下、灌丛或山坡阴湿处。

叶尖拳卷

浆果

花序

茎、叶

280. 轮叶黄精

学　　名： *Polygonatum verticillatum* (L.) All.

属　　名： 黄精属 *Polygonatum* Mill.

形态特征： 多年生草本植物。根状茎的“节间”长 2 ~ 3 cm，一头较粗，一头较细，有短分枝，每一节似呈菱角状，直径 7 ~ 15 mm，稀根状茎为连珠状。茎高 40 ~ 80 cm。叶大部分为 3 叶轮生，或间有少数对生或互生者，矩圆状披针形至条状披针形或条形，顶端尖至渐尖。花序腋生，具 1 ~ 2 花，俯垂，总花梗长 1 ~ 2 cm，花梗长 3 ~ 5 mm；花被淡黄色或淡紫色，合生成筒状，全长 8 ~ 10 mm，裂片 6，长 2 ~ 3 mm。浆果直径 6 ~ 9 mm，熟时红色。花期 5 ~ 6 月；果期 8 ~ 10 月。

物种分布： 分布于西藏、云南、四川、青海、甘肃、陕西、河南、山西等地。河南产于大别山、桐柏山、太行山及伏牛山区；生于林下或山坡草地。

浆果

花序

叶

茎、叶

根状茎

281. 湖北黄精

学　　名：*Polygonatum zanlanscianense* Pamp.

属　　名：黄精属 *Polygonatum* Mill.

保护价值：中国特有种子植物

形态特征：多年生草本植物。根状茎连珠状或姜块状，直径 1 ~ 2.5 cm。茎直立或上部稍攀缘，高达 1 m 以上。叶 3 ~ 6，轮生，椭圆形、长圆状披针形、披针形或线形，长 8 ~ 15 cm，宽 1.3 ~ 2.8 cm，先端拳卷或稍弯曲。花序具 2 ~ 6 花，近伞形，花序梗长 0.5 ~ 2 cm。花梗长 4 ~ 7 mm；苞片生于花梗基部，膜质或中间略草质，具 1 脉，长 2 ~ 6 mm；花被白色、淡黄绿色或淡紫色，花被筒近喉部稍缢缩。浆果紫红色或黑色，具 2 ~ 4 枚种子。花期 6 ~ 7 月；果期 8 ~ 10 月。

物种分布：分布于陕西、宁夏南部、甘肃、四川、贵州、湖南、湖北、河南、安徽、江苏南部、浙江北部及江西西北部等地。河南产于伏牛山、桐柏山和大别山区；生于林下、山坡阴湿处。

花

花序

果序、浆果

叶

植株

282. 细根茎黄精

学　　名：*Polygonatum gracile* P. Y. Li

属　　名：黄精属 *Polygonatum* Mill.

保护价值：中国特有种子植物

形态特征：根状茎细圆柱形，直径 2 ~ 3 mm。茎细弱，高 10 ~ 30 cm，具 1 ~ 3 轮叶，稀杂有 1 ~ 2 对生叶，下部 1 轮常为 3 片叶，顶生 1 轮为 3 ~ 6 片叶。叶长圆形或长圆状披针形，先端尖。花序常具 2 花，花序梗细，长 1 ~ 2 cm。花梗长 1 ~ 2 mm；苞片膜质，比花梗稍长：花被淡黄色；花丝长约 0.5 mm，花药长约 1.5 mm。浆果直径 5 ~ 7 mm，具 2 ~ 4 枚种子。花期 6 月；果期 8 月。

物种分布：分布于山西南部、陕西秦岭、宁夏南部、甘肃南部及河南西部等地。河南产于伏牛山、太行山区；生于林下、山坡草地。

花序

叶

植株

根状茎

283. 吉祥草

学　　名： *Reineckea carnea* (Andrews) Kunth

属　　名： 吉祥草属 *Reineckea* Kunth

形态特征： 多年生常绿草本，根状茎匍匐。叶 3 ~ 8，簇生于根状茎顶端，条形或披针形，先端渐尖，向下渐狭，深绿色。花莛短于叶，长 5 ~ 15 cm，穗状花序长 2 ~ 6.5 cm，多花；苞片卵状三角形，膜质，淡褐色或带紫色，花芳香，粉红色，花被片合生成短管状，上部 6 裂；裂片开花时反卷，矩圆形，稍肉质；雄蕊 6，花丝丝状，花药近矩圆形，背部着生；子房瓶状。浆果球形，鲜红色。花果期 7 ~ 11 月。

物种分布： 分布于西南、华中、华南和陕西、河南、江西、浙江、安徽、江苏等地。河南产于伏牛山南部、大别山和桐柏山区；生于阴湿山坡、山谷或密林下。

根状茎

植株

花序

浆果

叶

284. 开口箭

学　　名： *Rohdea chinensis* (Baker) N.Tanaka

属　　名： 万年青属 *Rohdea* Roth

保护价值： 中国特有种子植物

形态特征： 多年生常绿草本，根状茎长圆柱形。叶基生，4～8，倒披针形、条状披针形或条形，近革质，全缘。穗状花序侧生，长 2.5～5 cm，多花；苞片绿色，位于花序下部的卵状披针形，短于花，位于花序上部的披针形，长于花；花短钟状，花被片 6，下部合生，花被筒长 2～2.5 mm，裂片卵形，顶端长渐尖，肉质，黄色或黄绿色。浆果圆形，紫红色。花期 4～6 月；果期 9～11 月。

物种分布： 分布于湖北、湖南、江西、福建、台湾、浙江、安徽、河南、陕西（秦岭以南）、四川、云南、广西、广东等地。河南产于大别山、桐柏山及伏牛山区；生于林下阴湿处或山谷溪旁。

叶

果序

植株

285. 万年青

学　　名：*Rohdea japonica* (Thunb.) Roth

属　　名：万年青属 *Rohdea* Roth

保护价值：河南省重点保护野生植物

形态特征：多年生常绿草本。根状茎粗，有多数粗的纤维根。叶基生，3 ~ 6，矩圆形、披针形或倒披针形，顶端急尖，基部稍狭，纸质。穗状花序侧生，密生多花；苞片卵形，膜质，短于花；花被合生，球状钟形，裂片 6，不十分明显，内向，肉质，厚，淡黄色或褐色；雄蕊 6，花药卵形；子房球形；花柱不明显，柱头 3 裂。浆果红色。花期 5 ~ 6 月；果期 9 ~ 11 月。

物种分布：分布于山东、江苏、浙江、江西、湖北、湖南、广西、贵州、四川等地。河南产于大别山、桐柏山及伏牛山区南部；生于林下潮湿处或草地。

浆果

花序

植株

286. 安徽老鸦瓣

学　　名： *Amana anhuiensis* (X. S. Shen) D. Y. Tan & D. Y. Hong

属　　名： 老鸦瓣属 *Amana* Honda

保护价值： 中国特有种子植物

形态特征： 多年生草本，高 10～15 cm，具卵圆形鳞茎。茎单一，不分枝。叶 2，对生，倒披针形，无毛，质厚，全缘，顶端钝圆，无叶柄，主脉明显，侧脉不明显。花 1，苞片 3，轮生，带状；花被片 6，披针形，白色，基部淡绿色，有条纹，边缘膜质，几乎啮齿状；雄蕊 6，花药长 6 mm，淡紫色，花丝长 7～8 mm，无毛，粗壮，花粉粒白色，球形；子房椭圆形，无毛，长 8 mm，3 室，胚珠多数，花柱极短，柱头歪斜。花期 3～4 月；果期 4～6 月。

物种分布： 分布于安徽、河南等地。河南产于伏牛山南部、大别山、桐柏山区；生于山坡林下。

蒴果

植株

叶、花、苞片

花

鳞茎

287. 老鸦瓣

学　　名： *Amana edulis* (Miq.) Honda

属　　名： 老鸦瓣属 *Amana* Honda

形态特征： 多年生草本，鳞茎皮纸质，内面密被长柔毛。茎长 10 ~ 25 cm，通常不分枝，无毛。叶 2，长条形，长 10 ~ 25 cm，远比花长，通常宽 5 ~ 9 mm，少数可窄到 2 mm 或宽达 12 mm，上面无毛。花单朵顶生，靠近花的基部具 2 枚对生（较少 3 枚轮生）的苞片，苞片狭条形，长 2 ~ 3 cm；花被片狭椭圆状披针形，长 20 ~ 30 mm，宽 4 ~ 7 mm，白色，背面有紫红色纵条纹；雄蕊 3 长 3 短，花丝无毛，中部稍扩大，向两端逐渐变窄或从基部向上逐渐变窄；子房长椭圆形；花柱长约 4 mm。蒴果近球形，有长喙，长 5 ~ 7 mm。花期 3 ~ 4 月；果期 4 ~ 5 月。

物种分布： 分布于河南、辽宁、陕西、山东、江苏、浙江、安徽、湖北、湖南、江西等地。河南产于太行山、桐柏山、大别山及伏牛山区；生于山坡草地及路旁。

蒴果

花

花、苞片

叶、鳞茎、果实

植株

288. 二叶老鸦瓣 二叶郁金香

学　　名： *Tulipa erythronioides* Baker

属　　名： 郁金香属 *Tulipa* L.

保护价值： 中国特有种子植物

形态特征： 多年生草本。与老鸦瓣的区别：叶长 7 ~ 15 cm，宽 0.9 ~ 2.2 cm；苞片 3 ~ 4 轮生，稀 2 枚对生。花期 4 月。

物种分布： 分布于河南、安徽、浙江等地。河南产于大别山、桐柏山及伏牛山区南部；生于山坡草地及路旁。

花

植株

鳞茎、叶、花

花、苞片

（七十二）石蒜科 Amaryllidaceae

289. 忽地笑

学　　名： *Lycoris aurea* (L' Her.) Herb.

属　　名： 石蒜属 *Lycoris* Herb.

形态特征： 多年生草本。鳞茎肥大，近球形，直径约 5 cm，外有黑褐色鳞茎皮。叶基生，质厚，宽条形，上部渐次狭窄，正面黄绿色，有光泽，背面灰绿色，中脉在上面凹下，在下面隆起，叶脉及叶片基部带紫红色。先花后叶，花莛高 30 ~ 60 cm，伞形花序具 5 ~ 10 花；花具梗，黄色或橙色，稍两侧对称；花被筒部长不及 2 cm，裂片 6，边缘稍皱曲，宽约 1 cm；雄蕊 6，与花柱同伸出花被外；子房下位，3 室。蒴果每室有种子数枚。花期 8 ~ 9 月；果期 10 月。

物种分布： 分布于陕西、河南、江苏、浙江、福建、江西、台湾、广东、广西、湖北、湖南、贵州、四川、云南等地。河南产于大别山、桐柏山及伏牛山区南部；生于阴湿山坡、山谷、溪旁。

花

花序

叶

植株

290. 石蒜

学　　名： *Lycoris radiata* (L' Her.) Herb.

属　　名： 石蒜属 *Lycoris* Herb.

形态特征： 多年生草本。鳞茎近球形，直径 1～3 cm。叶深绿色，秋季出叶，窄带状，长约 15 cm，宽约 5 mm，先端钝，中脉具粉绿色带。花茎高约 30 cm，顶生伞形花序有 4～7 花；总苞片 2，披针形，长约 3.5 mm，宽约 5 mm。花两侧对称，鲜红色，花被筒绿色，长约 5 mm；花被裂片窄倒披针形，外弯，边缘皱波状；雄蕊伸出花被，比花被长约 1 倍。花期 8～9 月；果期 10 月。

物种分布： 分布于江苏、安徽、浙江、福建、江西、湖北、湖南、广东、广西、贵州、云南、四川、陕西南部及河南东南部。河南产于大别山、桐柏山和伏牛山区南部；生于阴湿山坡、山谷及溪旁石缝中。

花期

花

植株

花序

291. 中国石蒜

学　　名： *Lycoris chinensis* Traub

属　　名： 石蒜属 *Lycoris* Herb.

形态特征： 多年生草本。鳞茎直径约 4 cm。叶绿色，春季抽出，带状，长约 35 cm，宽约 2 cm，先端钝圆，中脉淡色带明显。花茎高约 60 cm，顶生伞形花序常有 5 ~ 6 花；总苞片 2，倒披针形，长约 2.5 cm，宽约 8 mm。花两侧对称，黄色；花被筒长 1.7 ~ 2.5 cm，花被裂片倒披针形，反卷，背面具淡黄色中肋，边缘波状皱缩；雄蕊和花被近等长或稍伸出花被，花丝黄色；花柱上端玫瑰红色。花期 7 ~ 8 月；果期 10 月。

物种分布： 分布于江苏西南部、浙江及河南东南部。河南产于伏牛山、桐柏山和大别山区；生于山坡阴湿处。

花序

叶

鳞茎、根

花

植株

（七十三）兰科 Orchidaceae

292. 头蕊兰　长叶头蕊兰

学　　名： *Cephalanthera longifolia* (L.) Fritsch

属　　名： 头蕊兰属 *Cephalanthera* Rich.

形态特征： 多年生草本植物。陆生兰，高 20 ~ 45 cm。根状茎粗短。茎直立，在中部至上部具 4 ~ 7 叶。叶互生，披针形或卵披针形，渐尖或尾状渐尖，常对褶。总状花序具 2 ~ 13 花，花序最下面 1 花的苞片叶状，比花长，上面的较小，短于子房；花白色，不开放或稍微开放；萼片狭菱状椭圆形，具 5 脉，中萼片较长而狭；花瓣近倒卵形，较萼片短；唇瓣长约 6 mm，基部具囊，唇瓣的前部三角状心形，或近心形，顶端钝或急尖，上面具 3 ~ 4 条纵褶片，近顶端处密生乳突；唇瓣的下部凹陷，内具少数不规则褶片；侧裂片近卵状三角形，抱合蕊柱；囊短，顶端钝，包藏于侧萼片内。花期 5 ~ 6 月；果期 9 ~ 10 月。

物种分布： 分布于云南西北部、四川西部、甘肃、陕西、河南、西藏等地。河南产于伏牛山、太行山、大别山区；生于林下。

花

叶

根状茎、根

花序

蒴果

植株

293. 杜鹃兰

学　　名： *Cremastra appendiculata* (D. Don) Makino

属　　名： 杜鹃兰属 *Cremastra* Lindl.

保护价值： 国家二级重点保护野生植物；近危

形态特征： 多年生草本植物。假鳞茎聚生，近球形，直径 1 ~ 3 cm，顶生 1 叶，很少具 2 叶。叶片椭圆形，长 20 ~ 34 cm，宽 3 ~ 6 cm，顶端急尖，基部收窄为柄。花莛侧生于假鳞茎顶端，直立，粗壮，通常高出叶外，疏生 2 枚筒状鞘；总状花序疏生多数花；花偏向一侧，紫红色；花苞片狭披针形；花被片呈筒状，顶端略开展；萼片和花瓣近相等，倒披针形，顶端急尖；唇瓣近匙形，与萼片近等长，基部浅囊状，两侧边缘略向上反折，前端扩大并为 3 裂，侧裂片狭小，中裂片矩圆形，基部具 1 枚紧贴或多少分离的附属物；合蕊柱纤细，略短于萼片。花期 5 ~ 6 月；果期 9 ~ 12 月。

物种分布： 分布于陕西、河南、山西、甘肃、西藏以及长江流域和以南各地。河南产于太行山、桐柏山、大别山及伏牛山区；生于沟谷和林下湿地。

花

假鳞茎

蒴果

叶

叶背面

花序

植株

294. 独花兰

学　　名： *Changnienia amoena* Chien

属　　名： 独花兰属 *Changnienia* S. S. Chien

保护价值： 国家二级重点保护野生植物；中国特有种子植物；濒危

形态特征： 多年生草本植物。陆生兰，高 10 ~ 18 cm。假鳞茎广卵形，肉质，顶生 1 枚叶。叶具细而长的柄，长 6.5 ~ 11 cm，宽 5 ~ 8 cm。花莛从假鳞茎顶生出，直立，顶生 1 朵花；花苞片小，凋落；花大，淡紫色，萼片矩圆状披针形，顶端钝，具腺体，长 3.2 cm，宽 8 mm；花瓣较宽，斜的倒卵状披针形，顶端钝，亦具腺体，长 2.8 cm，宽 1.2 cm；唇瓣沿蕊柱基部生，无柄，外形为椭圆形，基部圆形，3 裂，长 2.5 cm，侧裂片直立，斜的卵状三角形，中裂片开展，具短而宽的爪，近肾形，边缘具皱波状圆齿，唇盘上具 5 枚附属物；距粗，角状，稍弯曲，长 2.2 cm；子房极短。花期 4 月。

物种分布： 分布于陕西南部、河南、江苏、安徽、浙江、江西、湖北、湖南和四川等地。河南产于桐柏山、大别山及伏牛山区南部；生于林下阴湿处。

花

叶背面

植株

花侧面

叶、花

假鳞茎、根

295. 蕙兰

学　　名： *Cymbidium faberi* Rolfe

属　　名： 兰属 *Cymbidium* Sw.

保护价值： 国家二级重点保护野生植物

形态特征： 多年地生常绿草本。假鳞茎不明显。叶 7 ~ 9，丛生，直立性强，长 25 ~ 120 cm，宽约 1 cm，中下部常对褶，顶端渐尖，基部关节不明显，边缘有细锯齿，具明显透明的脉。花葶直立，高 30 ~ 80 cm，绿白色或紫褐色，被数枚长鞘；总状花序具 6 ~ 12 花或更多的花；花苞片常比子房连花梗短，最下面 1 枚较长，长达 3 cm；花浅黄绿色，萼片近相等，狭披针形；花瓣略小于萼片；唇瓣不明显 3 裂，短于萼片，侧裂片直立，有紫色斑点，中裂片椭圆形，上面具透明乳突状毛，边缘具缘毛，有白色带紫红色斑点，唇盘从基部至中部有 2 条稍弧曲的褶片。花期 3 ~ 5 月。

叶

物种分布： 分布于华东、中南、西南、陕西、河南等地。河南产于大别山、桐柏山及伏牛山区；生于山坡林下湿地。

植株

花序

296. 春兰

学　　名：*Cymbidium goeringii* (Rchb. f.) Rchb. f.

属　　名：兰属 *Cymbidium* Sw.

保护价值：国家二级重点保护野生植物；易危

形态特征：多年地生常绿草本。假鳞茎集生成丛。叶 4 ~ 6，丛生，狭带形，长 20 ~ 40 cm，宽 6 ~ 11 mm，顶端渐尖，边缘具细锯齿。花莛直立，远比叶短，被 4 ~ 5 枚长鞘；花苞片长而宽，多少围抱子房；春季开花；花单生，少为 2 朵，直径 4 ~ 5 cm，浅黄绿色，有清香气。萼片近相等，狭矩圆形，长 3.5 cm 左右，通常宽 6 ~ 8 mm，顶端急尖，中脉基部具紫褐色条纹；花瓣卵状披针形，比萼片略短；唇瓣不明显 3 裂，比花瓣短，浅黄色带紫褐色斑点，顶端反卷，唇盘中央从基部至中部具 2 条褶片。花期 1 ~ 3 月。

物种分布：分布于陕西南部、甘肃南部、江苏、安徽、浙江、江西、福建、台湾、河南南部、湖北、湖南、广东、广西、四川、贵州、云南等地；河南产于大别山、桐柏山和伏牛山区南部；生于林下或沟谷阴湿处。

花侧面

花

植株

297. 扇脉杓兰

学　　名： *Cypripedium japonicum* Thunb.

属　　名： 杓兰属 *Cypripedium* L.

保护价值： 国家二级重点保护野生植物

形态特征： 多年生草本。陆生兰，高 35 ~ 55 cm。根状茎横走。茎和花莛均被褐色长柔毛，但前者较密。叶通常 2 枚，近对生，极少 3 枚而互生，菱圆形或横椭圆形，长 10 ~ 16 cm，宽 10 ~ 21 cm，上半部边缘呈钝波状，基部宽楔形，具扇形脉。花苞片叶状，菱形或宽卵披针形，边缘具细缘毛；花单生，绿黄色、白色，具紫色斑点；中萼片近椭圆形，长约 5 cm；合萼片卵状披针形，稍较宽，顶端具 2 小齿；花瓣斜披针形或半卵形，内面基部有毛；唇瓣长约 4.5 cm，基部收狭而具短爪，囊内基部具长柔毛；子房条形，密被长柔毛。花期 4 ~ 5 月；果期 6 ~ 10 月。

物种分布： 分布于浙江、安徽、江西、湖南、湖北、陕西、四川、河南、贵州等地。河南产于大别山、伏牛山区；生于林下、灌丛下及竹林下。

叶

花侧面

叶、花

蒴果、苞片

根状茎、根

298. 大花杓兰

学　　名：*Cypripedium macranthos* Swartz

属　　名：杓兰属 *Cypripedium* L.

保护价值：国家二级重点保护野生植物；濒危

形态特征：多年生草本植物。高 25 ~ 50 cm，具粗短的根状茎。茎直立，稍被短柔毛或变无毛，基部具数枚鞘，鞘上方具 3 ~ 4 叶。叶片椭圆形或椭圆状卵形，长 10 ~ 15 cm，宽 6 ~ 8 cm，先端渐尖或近急尖，两面脉上略被短柔毛或变无毛，边缘有细缘毛。花序顶生，具 1 花，极罕 2 花；花序柄被短柔毛或变无毛；花苞片叶状，通常椭圆形，较少椭圆状披针形，先端短渐尖，两面脉上通常被微柔毛；花梗和子房长 3 ~ 3.5 cm，无毛；花大，紫色、红色或粉红色，通常有暗色脉纹，极罕白色。蒴果狭椭圆形，长约 4 cm，无毛。花期 6 ~ 7 月；果期 8 ~ 9 月。

物种分布：分布于黑龙江、吉林、辽宁、内蒙古、河北、河南、山东和台湾等地。河南产于太行山及伏牛山区；生于林下、林缘或草坡上腐殖质丰富和排水良好之地。

植株

叶、花

299. 毛杓兰

学　　名： *Cypripedium franchetii* E. H. Wilson

属　　名： 杓兰属 *Cypripedium* L.

保护价值： 国家二级重点保护野生植物；中国特有种子植物；易危

形态特征： 多年生草本植物，高达 35 cm。茎直立，密被长柔毛，上部毛更密。叶 3 ~ 5，椭圆形或卵状椭圆形，长 10 ~ 16 cm，两面脉疏被短柔毛。花序顶生，具 1 花，花序梗密被长柔毛；苞片两面脉具疏毛；花梗和子房密被长柔毛；花淡紫红色或粉红色，有深色脉纹；中萼片椭圆状卵形或卵形，背面脉疏被短柔毛，合萼片椭圆状披针形，先端 2 浅裂，背面脉被短柔毛；花瓣披针形，长 5 ~ 6 cm，宽 1 ~ 1.5 cm，内面基部被长柔毛，唇瓣深囊状，长 4 ~ 5.5 cm，宽 3 ~ 4 cm；退化雄蕊卵状箭头形或卵形，基部具短耳，花丝短。花期 5 ~ 7 月。

物种分布： 分布于甘肃南部、青海东部及南部、陕西、山西南部、河南、湖北西部、四川及云南西北部。河南产于太行山、伏牛山区；生于海拔 1 500 m 以上的疏林下或灌丛中湿润、腐殖质丰富和排水良好的地方，也生于湿润草坡。

花

花侧面

植株

300. 曲茎石斛

学　　名： *Dendrobium flexicaule* Z. H. Tsi

属　　名： 石斛属 *Dendrobium* Sw.

保护价值： 国家一级重点保护野生植物；中国特有种子植物；极危

形态特征： 多年生草本植物。茎圆柱形，长达 11 cm，回折状向上弯曲。叶 2 ~ 4，2 列互生于茎上部，长圆状披针形，先端一侧稍钩转，基部具抱茎鞘。花序生于已落叶的老茎上部，具 1 ~ 3 花，花序梗长 1 ~ 2 cm。苞片白色，卵状三角形，花开展；中萼片背面黄绿色，上部稍淡紫色，长圆形，侧萼片背面黄绿色，上部边缘稍淡紫色，萼囊黄绿色，倒圆锥形；花瓣下部黄绿色，上部近淡紫色，椭圆形，唇瓣淡黄色，先端边缘淡紫色，中部以下边缘紫色，宽卵形，不明显 3 裂，基部楔形，上面密被绒毛，唇盘中部以上具扇形紫色斑块，下部有黄色马鞍形胼胝体；药帽近菱形，基部前缘具不整齐细齿，顶端 2 深裂，裂片尖齿状。花期 5 月。

物种分布： 分布于河南西部、湖北西部、湖南东部及四川西南部等地。河南产于伏牛山区；生于海拔 900 ~ 1 500 m 的阴湿岩石上。

花

花侧面

茎、叶

植株

301. 天麻

学　　名： *Gastrodia elata* Bl.

属　　名： 天麻属 *Gastrodia* R. Br.

保护价值： 国家二级重点保护野生植物

形态特征： 多年生草本植物。腐生，高 30 ~ 150 cm。块茎椭圆形或卵圆形，横生，肉质。茎黄褐色，节上具鞘状鳞片。总状花序长 5 ~ 20 cm，花苞片膜质，披针形，长约 1 cm；花淡绿黄色或肉黄色，萼片与花瓣合生成斜歪筒，长约 1 cm，直径 6 ~ 7 mm，口偏斜，顶端 5 裂，裂片三角形，钝头；唇瓣白色，3 裂，长约 5 mm，中裂片舌状，具乳突，边缘不整齐，上部反曲，基部贴生于花被筒内壁上，有一对肉质突起，侧裂片耳状；合蕊柱长 5 ~ 6 mm，顶端具 2 个小的附属物；子房倒卵形，子房柄扭转。花果期 5 ~ 7 月。

物种分布： 分布于东北、华北、华东、华中及西南各地。河南产于各山区；生于海拔 700 ~ 1 500 m 的山坡林下、灌丛中。

蒴果

花

块茎

花序

302. 大花斑叶兰

学　　名： *Goodyera biflora* (Lindl.) Hook. f.

属　　名： 斑叶兰属 *Goodyera* R. Br.

保护价值： 近危

形态特征： 多年生草本植物。陆生兰，高 5 ~ 10 cm。根状茎伸长，具节，匍匐。茎具多枚叶，直立。叶长 2 ~ 4 cm，卵形，近急尖，叶片正表面暗蓝绿色，具白色精致的斑纹，背面带红色；叶具柄。总状花序具 2 ~ 8 花，花序轴被柔毛；花苞片披针形，长超过被柔毛的子房；花大，偏向一侧，白色带黄色或淡红色，萼片披针形，中萼片长约 2.5 cm，顶端外弯，和花瓣靠合成兜；侧萼片略较短；花瓣条状披针形，镰状，和中萼片等长；唇瓣白色带黄色，比萼片短，基部具囊，上部外弯，长为囊之 2 倍，边缘膜质，波状，囊内具毛；合蕊柱内弯；子房被柔毛。花期 2 ~ 7 月。

物种分布： 分布于陕西、河南、湖北、湖南、广东、四川、云南、西藏等地。河南产于大别山、桐柏山及伏牛山区南部；生于山坡林下或山坡草地。

花

花序

叶

植株

303. 小斑叶兰

学　　名：*Goodyera repens* (L.) R. Br.

属　　名：斑叶兰属 *Goodyera* R. Br.

形态特征：多年生草本植物。陆生兰，高 10 ~ 25 cm。根状茎伸长，匍匐。茎直立，被白色腺毛，生数枚基生叶。叶卵状椭圆形，正面有白色条纹和褐色斑点，背面灰绿色。总状花序具几朵至 10 余朵花，花序轴具腺毛；花苞片披针形，长超过子房；花小，白色或带绿色或带粉红色，萼片外面被腺毛，与花瓣靠合成兜；侧萼片椭圆形或卵状椭圆形，与中萼片等长或略较长，顶端钝；唇瓣长 3 ~ 3.5 mm，舟状，基部凹陷成囊状，内面无毛，无爪，不裂；合蕊柱短，与唇瓣分离；蕊喙直立，2 裂；柱头 1，较大，位于蕊喙之下；子房扭转，疏生腺毛，几无柄。花期 7 ~ 8 月。

物种分布：分布于黑龙江、吉林、辽宁、内蒙古、河北、山西、陕西、甘肃、青海、新疆、安徽、台湾、河南、湖北、湖南、四川、云南、西藏等地。河南产于太行山及伏牛山区；生于海拔 700 ~ 2 300 m 的山坡、沟谷林下。

花

蒴果

叶

花序

304. 斑叶兰　大斑叶兰

学　　名：*Goodyera schlechtendaliana* Rchb. F.

属　　名：斑叶兰属 *Goodyera* R. Br.

保护价值：近危

形态特征：多年生草本植物。陆生兰，高 15 ~ 35 cm。根状茎伸长，匍匐。茎直立，被长柔毛，基生叶 4 ~ 6。叶卵形或卵披针形，叶正面绿色，具黄白色精致的斑纹，具柄。总状花序具几朵至 20 余朵较疏生的花，花序轴被长柔毛；花苞片披针形，较花短；花中等大，偏向一侧，白色或微带红色，萼片外面被毛，中萼片凹陷，卵形和花靠合成兜；侧萼片卵形，与中萼片等长；花瓣倒披针形，和萼片几等长；唇瓣凹陷成囊状，前部较短，囊内具稀疏的刚毛，唇盘上无褶片；合蕊柱短，蕊喙臂细长，花药卵形；子房长约 1 cm，被长柔毛。花期 8 ~ 10 月。

物种分布：分布于西藏东南部、河南和长江流域以南各地。河南产于大别山、桐柏山及伏牛山南部；生于山坡林下。

蒴果

茎、叶

根状茎

植株

305. 二叶舌唇兰

学　　名： *Platanthera chlorantha* Cust. ex Rchb.

属　　名： 舌唇兰属 *Platanthera* Rich.

形态特征： 多年生草本植物。陆生兰，高 30 ~ 50 cm，块茎 1 ~ 2，卵状。茎直立，无毛，基生叶 2。叶椭圆形或倒披针状椭圆形，顶端钝或急尖，基部收狭成鞘状柄，长 10 ~ 20 cm，宽 4 ~ 8 cm。总状花序具 10 余朵花；花苞片披针形，和子房近等长；花白色，较大，中萼片宽卵状三角形，顶端钝或截平；侧萼片椭圆形，较中萼片狭；急尖，花瓣偏斜，条状披针形，基部较宽；唇瓣条形，舌状，肉质，不裂，钝；距弧曲，前部膨大，圆筒状，顶端钝，明显较子房长；子房细圆柱状，弧曲，上端下弯，无毛。花期 6 ~ 8 月。

物种分布： 分布于东北、华北、陕西、河南、甘肃、四川、云南、西藏等地。河南产于太行山和伏牛山区；生于林下或草丛中。

块根、根

植株

306. 小舌唇兰

学　　名： *Platanthera minor* (Miq.) Rchb. F.

属　　名： 舌唇兰属 *Platanthera* Rich.

形态特征： 多年生草本植物。陆生兰，高 20 ~ 60 cm，具几条指状肉质的粗根。茎直立，稍粗。叶互生，散生于茎的下部，最下面的 1 或 2 片最大，椭圆形、矩圆形或矩圆状披针形，往上则渐小，披针形至条状披针形，渐尖。总状花序长 10 ~ 18 cm，疏生多数花，花绿色；花苞片卵状披针形；中萼片阔卵形，顶端钝或急尖，3 脉；侧萼片张开或反折，偏斜矩圆形，顶端钝，3 脉；花瓣直立，偏斜卵形，渐狭，顶端钝，基部一侧扩大，2 脉及 1 侧生支脉；唇瓣舌状，钝，肉质；距悬垂，细圆筒状，稍向前弧曲，和子房等长或稍较长；药隔中部稍凹缺；子房圆柱状，向上渐狭，长 10 ~ 15 mm。花期 5 ~ 7 月。

物种分布： 分布于东北、长江流域各省和台湾等地。河南产于伏牛山、桐柏山及大别山区；生于山坡林下或草地。

植株

花果序

肉质根

307. 无柱兰

学　　名： *Ponerorchis gracilis* (Blume) X. H. Jin，Schuit. & W. T. Jin

属　　名： 小红门兰属 *Ponerorchis* Rchb. f.

形态特征： 多年生草本植物。陆生兰，高 7 ~ 26 cm。块茎椭圆状球形，长达 2.5 cm，粗约 1 cm。茎短，具叶 1 枚。叶近无柄，矩圆形或椭圆状矩圆形，稍急尖，长 5 ~ 11.5 cm，宽 1.5 ~ 3.5 cm，薄，基部成鞘抱茎。花莛纤细，直立，无毛，长 5 ~ 20 cm，总状花序疏生 5 ~ 20 花，花红紫色或粉红色；苞片卵形或卵状披针形，渐尖；萼片近于靠合，卵形，稍急尖，长约 3 mm；花瓣较萼片稍长且稍宽，歪的卵形，近急尖；唇瓣 3 裂，侧裂片倒卵状矩圆形，中裂片前部略宽，近倒卵形，顶端近截平或具 3 枚细锯齿；距纤细；合蕊柱极短；子房无毛。花期 6 ~ 7 月；果期 9 ~ 10 月。

物种分布： 分布于东北、华北、中南、西南等地。河南产于太行山、伏牛山、大别山及桐柏山区；生于山坡林下阴暗处岩石上。

蒴果

果序

肉质块根

叶

植株

308. 绶草

学　　名： *Spiranthes sinensis* (Pers.) Ames

属　　名： 绶草属 *Spiranthes* Rich.

形态特征： 多年生草本植物，高达 30 cm。茎近基部生 2 ~ 5 叶。叶宽线形或宽线状披针形，稀窄长圆形，直伸，基部具柄状鞘抱茎。花茎高达 25 cm，上部被腺状柔毛或无毛；花序密生多花，螺旋状扭转。苞片卵状披针形；子房纺锤形，扭转，被腺状柔毛或无毛，连花梗长 4 ~ 5 mm；花紫红色、粉红色或白色，在花序轴螺旋状排生；萼片下部靠合，与花瓣靠合成兜状，侧萼片斜披针形，长 5 mm；花瓣斜菱状长圆形，与中萼片等长，较薄；唇瓣宽长圆形，凹入，前半部上面具长硬毛，边缘具皱波状啮齿，唇瓣基部浅囊状，囊内具 2 个胼胝体。花期 7 ~ 8 月；果期 8 ~ 10 月。

物种分布： 分布于黑龙江、吉林、辽宁、内蒙古、河北、山东、江苏、安徽、浙江、福建、台湾、江西、湖北、湖南、广东、香港、海南、广西、贵州、四川、云南、西藏、青海、甘肃、宁夏、陕西、山西及河南等地。河南各地均产；生于河谷旁边潮湿处。

花

花序

肉质根

果期

花侧面

茎、叶

植株

中文名称索引

A

阿尔泰银莲花 45
矮牡丹 106
安徽贝母 278
安徽老鸦瓣 303
安息香科 131
安息香属 131, 132, 133
凹叶瑞香 166

B

八角属 41
八月瓜属 67
巴东栎 94
巴山冷杉 5
白桦 101
白皮松 7
白前属 232
百合 284
百合科 273
百合属 282, 284, 285, 286, 288
斑叶兰 326
斑叶兰属 324, 325, 326
板凳果属 184
半蒴苣苔 246
半蒴苣苔属 246
报春花科 134
报春花属 134
豹皮樟 24
北柴胡 224
北京花楸 146
北京忍冬 253
贝母属 278, 279, 280, 281
变色白前 232
柄荚锦鸡儿 158

C

糙叶五加 218
草芍药 107
桤属 238
杈叶槭 193
柴胡属 224, 225
长柄槭 204
长柄唐松草 58
长喙唐松草 57
长叶头蕊兰 310
川百合 288
川贝母 279
川赤芍 105
川桂 18
川黄檗 208
川陕翠雀花 50
重楼属 291, 292, 293
春兰 316
唇形科 235
刺椒树 213
刺楸 220
刺楸属 220
刺五加 216
刺异叶花椒 210
葱属 273, 274
粗榧 10
粗壮唐松草 59
簇叶新木姜子 29
翠雀属 50, 51, 52

D

大百合 275
大百合属 275, 276
大斑叶兰 326
大豆属 164
大果冬青 183
大果榉 83
大花斑叶兰 324
大花杓兰 319
大花威灵仙 49
大火草 47
大戟科 186
大戟属 186
大叶榉树 82
大叶三七 222
大叶唐松草 55
大叶醉鱼草 240
大芽南蛇藤 172
党参 248
党参属 247, 248
灯台莲 268
地黄 241
地黄属 241
垫状卷柏 1
丁香属 239
顶花板凳果 184
顶蕊三角咪 184
冬青 180
冬青科 180
冬青属 180, 181, 182, 183
豆科 158
独花兰 314
独花兰属 314
独活 227
独活属 227
杜鹃 128
杜鹃花科 123
杜鹃花属 123, 124, 126, 127, 128, 130
杜鹃兰 312
杜鹃兰属 312
杜仲 80
杜仲科 80
杜仲属 80
短柄小檗 63
短梗南蛇藤 174
短角淫羊藿 64
椴属 118
椴树科 118
对叶韭 274
对叶山葱 274
钝叶蔷薇 155
多花黄精 294
多穗金粟兰 35
朵花椒 211

E

鹅耳枥属 102
鹅掌草 46
二翅六道木 250
二翅糯米条 250
二叶老鸦瓣 305
二叶舌唇兰 327
二叶郁金香 305

F

飞蛾槭 198
芬芳安息香 131
粉背南蛇藤 173
粉团蔷薇 151
风毛菊属 267
枫香树 76
枫香树属 76
枫杨属 86, 87
凤仙花科 214

凤仙花属 214

G

杠柳 231
杠柳属 231
高丛珍珠梅 144
哥兰叶 172
葛罗槭 194
瓜叶帚菊 265
关木通 38
关木通属 38, 39
过山蕨 2

H

海桐科 135
海桐属 135, 136, 137
汉城细辛 37
豪猪刺 60
禾本科 271
禾叶山麦冬 289
河南翠雀花 51
河南杜鹃 126
河南海棠 141
河南唐松草 54
黑柴胡 225
黑蕊猕猴桃 115
红丁香 239
红冬蛇菰 170
红豆杉 11
红豆杉科 11
红豆杉属 11, 12
红果山胡椒 20
红桦 97
红茴香 41
红景天属 138
红脉钓樟 21
忽地笑 306
胡桃科 84
胡桃楸 85
胡桃属 85
湖北鹅耳枥 102
湖北枫杨 86
湖北海棠 142
湖北花楸 147
湖北黄精 298
湖北蔷薇 154
湖北紫荆 159
湖南淫羊藿 65
葫芦科 120
虎耳草科 139
花椒属 209, 210, 211, 212, 213
花南星 270
花楸属 146, 147, 148, 149
华北耧斗菜 48
华北珍珠梅 145
华山马鞍树 165
华山松 6
华西蔷薇（红果蔷薇） 156
华榛 103
华中五味子 44
华帚菊 266
华紫珠 233
桦木科 97
桦木属 97, 98, 100, 101
黄檗 207
黄檗属 207, 208
黄精 296
黄精属 294, 295, 296, 297, 298, 299
黄毛楤木 215
黄皮树 208
黄山玉兰 14
黄檀 160
黄檀属 160
黄腺香青 259
黄杨科 184
灰叶安息香 132
茴芹属 229
蕙兰 315

J

鸡树条 256
鸡爪槭 201
及己 36
吉祥草 300
吉祥草属 300
荚果蕨 4
荚果蕨属 4
荚蒾属 256, 257, 258
坚桦 98
建始槭 203
箭竹 271
箭竹属 271
姜科 272
姜属 272
角翅卫矛 175
绞股蓝 120
绞股蓝属 120
桔梗科 247
金缕梅科 75
金钱槭 206
金钱槭属 206
金粟兰科 33
金粟兰属 33, 34, 35, 36
锦鸡儿属 158
旌节花科 119
旌节花属 119
景天科 138
菊科 259
菊属 260
枸骨 181
榉属 82, 83
卷柏科 1
卷柏属 1

K

开口箭 301
珂楠树 70
珂楠树属 70
壳斗科 88
苦苣苔科 244
苦皮藤 171
宽叶金粟兰 33
宽叶重楼 293
阔叶十大功劳 66

L

蜡枝槭 193
兰科 310
兰属 315, 316
狼毒大戟 186
浪叶花椒 212
老鸹铃 133
老鸦瓣 304
老鸦瓣属 303, 304
老鸦糊 234
棱果海桐 136
冷杉属 5
离柱五加 217
栎属 90, 91, 92, 93, 94, 95, 96
连香树 73
连香树科 73
连香树属 73
梁王荼属 221
亮叶桦 100
列当 243
列当科 243
列当属 243
菱叶海桐 137
菱叶茴芹 229
领春木 74
领春木科 74
领春木属 74
流苏树 236
流苏树属 236
六道木属 251
龙胆科 230
陇东海棠 143
耧斗菜属 48

鹿蹄草科 121
轮叶黄精 297
萝藦科 231

M

马鞍树属 165
马鞭草科 233
马兜铃科 37
马甲子属 187
马蹄香 40
马蹄香属 40
蚂蚱腿子 264
满山红 130
毛豹皮樟 25
毛茛科 45
毛华菊 260
毛母娘 253
毛杓兰 320
毛叶小檗 63
美味猕猴桃 114
蒙古栎 95
猕猴桃科 111
猕猴桃属 111, 112, 114, 115, 116
米心水青冈 88
庙台槭 197
闽楠 30
明党参 226
明党参属 226
木姜子 26
木姜子属 23, 24, 25, 26, 27
木兰科 13
木通科 67
木樨科 236
木香薷 235

N

南方红豆杉 12
南方六道木 251
南京椴 118
南蛇藤属 171, 172, 173, 174
南五味子 42
南五味子属 42
楠属 30, 32
牛鼻栓 75
牛鼻栓属 75
暖木 68
糯米条属 250

P

盘叶忍冬 255
泡花树属 68
苹果属 141, 142, 143
葡萄科 188

Q

七叶树 190
七叶树属 190, 192
七叶一枝花 291
槭属 193, 194, 195, 196, 197, 198, 200, 201, 202, 203, 204, 205
槭树科 193
茜草科 249
蔷薇科 140
蔷薇属 150, 151, 153, 154, 155, 156, 157
荞麦叶大百合 276
秦岭槭 202
秦岭海桐 135
秦岭木姜子 27
秦岭小檗 61
青冈 91
青荚叶 169
青荚叶属 169
青榨 92
青钱柳 84
青钱柳属 84
青檀 81
青檀属 81
清风藤科 68
球核荚蒾 257
球子蕨科 4
曲茎石斛 322
全裂翠雀花 52

R

蘘荷 272
人参属 222
人字果属 53
忍冬科 250
忍冬属 253, 254, 255
软枣猕猴桃 111
软条七蔷薇 154
瑞香科 166
瑞香属 166
润楠属 28

S

三尖杉 9
三尖杉科 9
三尖杉属 9, 10
三叶崖爬藤 188
伞形科 224
山白树 78
山白树属 78
山茶科 109
山丹 286
山胡椒属 19, 20, 21, 22
山橿 22
山麦冬属 289
山梅花 139
山梅花属 139
山木香 153
山西蟹甲草 261
山茱萸 168
山茱萸科 167
山茱萸属 167, 168
珊瑚苣苔 244
珊瑚苣苔属 244
陕甘花楸 148
陕西报春 134
陕西蔷薇 157
陕西紫茎 110
扇脉杓兰 318
杓兰属 318, 319, 320
芍药科 105
芍药属 105, 106, 107, 108
舌唇兰属 327, 328
蛇菰科 170
蛇菰属 170
十大功劳属 66
石斛属 322
石灰花楸 149
石蒜 307
石蒜科 306
石蒜属 306, 307, 308
石枣子 178
首阳小檗 62
绶草 330
绶草属 330
鼠李科 187
栓翅卫矛 177
双蝴蝶 230
双蝴蝶属 230
水晶兰 122
水晶兰属 121, 122
水青冈 89
水青冈属 88, 89
水曲柳 238
水丝梨 79
水丝梨属 79
四萼猕猴桃 116
四照花 167
松科 5
松属 6, 7
松下兰 121
楤木属 215

T

太白杜鹃 124
唐棣 140
唐棣属 140
唐松草属 54, 55, 56, 57, 58, 59
藤山柳 117
藤山柳属 117
天麻 323
天麻属 323
天目贝母 280
天目木姜子 23
天南星科 268
天南星属 268, 269, 270
天师栗 192
天竺桂 16
条叶岩风 228
铁角蕨科 2
铁角蕨属 2
铁木 104
铁木属 104
铁杉 8
铁杉属 8
铁线莲属 49
通脱木 223
通脱木属 223
铜钱树 187
头蕊兰 310
头蕊兰属 310

W

洼瓣花属 290
豌豆七 138
万年青 302
万年青属 301, 302
望春玉兰 13
卫矛科 171
卫矛属 175, 176, 177, 178, 179
猬实 252
猬实属 252
渥丹 285
乌冈栎 96
乌药 19
无患子科 190
无柱兰 329
五加科 215
五加属 216, 217, 218, 219
五尖槭 196
五裂槭 200
五味子科 41
五味子属 43, 44
武当玉兰 15

X

西藏洼瓣花 290
西南唐松草 56
细刺枸骨 182
细根茎黄精 299
细叶青冈 90
细辛属 37
细柱五加 219
狭叶五味子 43
狭叶重楼 292
香果树 249
香果树属 249
香青属 259
香薷属 235
小斑叶兰 325
小檗科 60
小檗属 60, 61, 62, 63
小果蔷薇 153
小果卫矛 176
小红门兰属 329
小花花椒 213
小舌唇兰 328
小叶青冈 92
小药八旦子 71
血皮槭 195
蟹甲草属 261, 262
心叶风毛菊 267
心叶帚菊 263
新木姜子属 29
秀雅杜鹃 123
玄参 242
玄参科 240
玄参属 242
旋蒴苣苔 245
旋蒴苣苔属 245
寻骨风 39

Y

崖花子 137
崖爬藤属 188
烟管荚蒾 258
延胡索 72
岩风属 228
岩栎 93
羊乳 247
野百合 282
野大豆 164
野蔷薇 150
野扇花 185
野扇花属 185
野生珍珠梅 144
野皂荚 161
一把伞南星 269
宜昌润楠 28
宜昌蛇菰 170
异叶花椒 209
异叶梁王茶 221
翼萼凤仙花 214
银莲花属 45, 46, 47
银鹊树 189
银线草 34
淫羊藿 64
淫羊藿属 64, 65
罂粟科 71
鹰爪枫 67
瘿椒树 189
瘿椒树科 189
瘿椒树属 189
疣点卫矛 179
榆科 81
玉兰属 13, 14, 15
玉簪叶韭 273
玉簪叶山葱 273
玉竹 295
郁荷 272
郁金香属 305
郁香忍冬 254
云南枫杨 87
云南红景天 138
芸香科 207

Z

皂荚 162
皂荚属 161, 162
樟科 16
樟属 16, 18
照山白 127
浙贝母 281
珍珠梅属 144, 145
榛属 103
中国旌节花 119
中国石蒜 308
中华槭 205
中华猕猴桃 112
中华蟹甲草 262
帚菊属 263, 264, 265, 266
竹节参 222
紫斑牡丹 108
紫堇属 71, 72
紫茎 109
紫茎属 109, 110
紫荆属 159
紫楠 32
紫珠属 233, 234
纵肋人字果 53
醉鱼草属 240

拉丁学名索引

A

Abelia 250
Abelia macrotera 250
Abies 5
Abies fargesii 5
Acer 193, 194, 195, 196, 197, 198, 200, 201, 202, 203, 204, 205
Acer ceriferum 193
Acer davidii subsp. *grosseri* 194
Acer griseum 195
Acer henryi 203
Acer longipes 204
Acer maximowiczii 196
Acer miaotaiense 197
Acer oblongum 198
Acer oliverianum 200
Acer palmatum 201
Acer sinense 205
Acer tsinglingense 202
Aceraceae 193
Actinidia 111, 112, 114, 115, 116
Actinidia arguta 111
Actinidia chinensis 112
Actinidia chinensis var. *deliciosa* 114
Actinidia melanandra 115
Actinidia tetramera 116
Actinidiaceae 111
Aesculus 190, 192
Aesculus chinensis 190
Aesculus chinensis var. *wilsonii* 192
Allium 273, 274
Allium funckiifolium 273
Allium listera 274
Amana 303, 304
Amana anhuiensis 303
Amana edulis 304
Amaryllidaceae 306
Amelanchier 140
Amelanchier sinica 140
Anaphalis 259
Anaphalis aureopunctata 259
Anemone 45, 46, 47
Anemone altaica 45
Anemone flaccida 46
Anemone tomentosa 47
Apiaceae 224
Aquifoliaceae 180
Aquilegia 48
Aquilegia yabeana 48
Araceae 268
Aralia 215
Aralia chinensis 215
Araliaceae 215
Arisaema 268, 269, 270
Arisaema bockii 268
Arisaema erubescens 269
Arisaema lobatum 270
Aristolochiaceae 37
Asarum 37
Asarum sieboldii f. *seoulense* 37
Asclepiadaceae 231
Aspleniaceae 2
Asplenium 2
Asplenium ruprechtii 2
Asteraceae 259

B

Balanophora 170
Balanophora harlandii 170
Balanophoraceae 170
Balsaminaceae 214
Berberidaceae 60
Berberis 60, 61, 62, 63
Berberis circumserrata 61
Berberis dielsiana 62
Berberis julianae 60
Berberis salicaria 63
Betula 97, 98, 100, 101
Betula albosinensis 97
Betula chinensis 98
Betula luminifera 100
Betula platyphylla 101
Betulaceae 97
Buddleja 240
Buddleja davidii 240
Bupleurum 224, 225
Bupleurum chinense 224
Bupleurum smithii 225
Buxaceae 184

C

Callicarpa 233, 234
Callicarpa cathayana 233
Callicarpa giraldii 234
Campanulaceae 247
Caprifoliaceae 250
Caragana 158
Caragana stipitata 158
Cardiocrinum 275, 276
Cardiocrinum cathayanum 276
Cardiocrinum giganteum 275
Carpinus 102
Carpinus hupeana 102
Celastraceae 171
Celastrus 171, 172, 173, 174
Celastrus angulatus 171
Celastrus gemmatus 172
Celastrus hypoleucus 173
Celastrus rosthornianus 174
Cephalanthera 310
Cephalanthera longifolia 310
Cephalotaxaceae 9
Cephalotaxus 9, 10
Cephalotaxus fortunei 9
Cephalotaxus sinensis 10
Cercidiphyllaceae 73
Cercidiphyllum 73
Cercidiphyllum japonicum 73
Cercis 159
Cercis glabra 159
Changium 226
Changium smyrnioides 226
Changnienia 314
Changnienia amoena 314
Chionanthus 236
Chionanthus retusus 236
Chloranthaceae 33
Chloranthus 33, 34, 35, 36
Chloranthus henryi 33
Chloranthus multistachys 35
Chloranthus quadrifolius 34
Chloranthus serratus 36
Chrysanthemum 260

Chrysanthemum vestitum 260
Cinnamomum 16, 18
Cinnamomum japonicum 16
Cinnamomum wilsonii 18
Clematis 49
Clematis courtoisii 49
Clematoclethra 117
Clematoclethra scandens 117
Codonopsis 247, 248
Codonopsis lanceolata 247
Codonopsis pilosula 248
Corallodiscus 244
Corallodiscus lanuginosus 244
Cornaceae 167
Cornus 167, 168
Cornus kousa subsp. *chinensis* 167
Cornus officinalis 168
Corydalis 71, 72
Corydalis caudata 71
Corydalis yanhusuo 72
Corylus 103
Corylus chinensis 103
Crassulaceae 138
Cremastra 312
Cremastra appendiculata 312
Cucurbitaceae 120
Cyclocarya 84
Cyclocarya paliurus 84
Cymbidium 315, 316
Cymbidium faberi 315
Cymbidium goeringii 316
Cypripedium 318, 319, 320
Cypripedium franchetii 320
Cypripedium japonicum 318
Cypripedium macranthos 319

D

Dalbergia 160
Dalbergia hupeana 160
Daphne 166
Daphne retusa 166
Delphinium 50, 51, 52
Delphinium henryi 50
Delphinium honanense 51
Delphinium trisectum 52
Dendrobium 322
Dendrobium flexicaule 322
Dichocarpum 53
Dichocarpum fargesii 53
Dipteronia 206
Dipteronia sinensis 206
Dorcoceras 245
Dorcoceras hygrometricum 245

E

Eleutherococcus 216, 217, 218, 219
Eleutherococcus eleutheristylus 217
Eleutherococcus henryi 218
Eleutherococcus nodiflorus 219
Eleutherococcus senticosus 216
Elsholtzia 235
Elsholtzia stauntonii 235
Emmenopterys 249
Emmenopterys henryi 249
Epimedium 64, 65
Epimedium brevicornu 64
Epimedium hunanense 65
Ericaceae 123
Eucommia 80
Eucommia ulmoides 80
Eucommiaceae 80
Euonymus 175, 176, 177, 178, 179
Euonymus cornutus 175
Euonymus microcarpus 176
Euonymus phellomanus 177
Euonymus sanguineus 178
Euonymus verrucosoides 179
Euphorbia 186
Euphorbia fischeriana 186
Euphorbiaceae 186
Euptelea 74
Euptelea pleiosperma 74
Eupteleaceae 74

F

Fabaceae 158
Fagaceae 88
Fagus 88, 89
Fagus engleriana 88
Fagus longipetiolata 89
Fargesia 271
Fargesia spathacea 271
Fortunearia 75
Fortunearia sinensis 75
Fraxinus 238
Fraxinus mandshurica 238
Fritillaria 278, 279, 280, 281
Fritillaria anhuiensis 278
Fritillaria cirrhosa 279
Fritillaria monantha 280
Fritillaria thunbergii 281

G

Gastrodia 323
Gastrodia elata 323
Gentianaceae 230
Gesneriaceae 244
Gleditsia 161, 162
Gleditsia microphylla 161
Gleditsia sinensis 162
Glycine 164
Glycine soja 164
Goodyera 324, 325, 326
Goodyera biflora 324
Goodyera repens 325
Goodyera schlechtendaliana 326
Gynostemma 120
Gynostemma pentaphyllum 120

H

Hamamelidaceae 75
Helwingia 169
Helwingia japonica 169
Hemiboea 246
Hemiboea subcapitata 246
Heracleum 227
Heracleum hemsleyanum 227
Holboellia 67
Holboellia coriacea 67
Hypopitys monotropa 121

I

Ilex 180, 181, 182, 183
Ilex chinensis 180
Ilex cornuta 181
Ilex hylonoma 182
Ilex macrocarpa 183
Illicium 41
Illicium henryi 41
Impatiens 214
Impatiens pterosepala 214
Isotrema 38, 39
Isotrema manshuriense 38
Isotrema mollissimum 39

J

Juglandaceae 84
Juglans 85
Juglans mandshurica 85

K

Kadsura 42
Kadsura longipedunculata 42
Kalopanax 220
Kalopanax septemlobus 220
Kingsboroughia 70

Kingsboroughia alba 70
Kolkwitzia 252
Kolkwitzia amabilis 252

L

Lamiaceae 235
Lardizabalaceae 67
Lauraceae 16
Libanotis 228
Libanotis lancifolia 228
Liliaceae 273
Lilium 282, 284, 285, 286, 288
Lilium brownii 282
Lilium brownii var. *viridulum* 284
Lilium concolor 285
Lilium davidii 288
Lilium pumilum 286
Lindera 19, 20, 21, 22
Lindera aggregata 19
Lindera erythrocarpa 20
Lindera reflexa 22
Lindera rubronervia 21
Liquidambar 76
Liquidambar formosana 76
Liriope 289
Liriope graminifolia 289
Litsea 23, 24, 25, 26, 27
Litsea auriculata 23
Litsea coreana var. *lanuginosa* 25
Litsea coreana var. *sinensis* 24
Litsea pungens 26
Litsea tsinlingensis 27
Lloydia 290
Lloydia serotina 290
Lonicera 253, 254, 255
Lonicera elisae 253
Lonicera fragrantissima 254
Lonicera tragophylla 255
Lycoris 306, 307, 308
Lycoris aurea 306
Lycoris chinensis 308
Lycoris radiata 307

M

Maackia 165
Maackia hwashanensis 165
Machilus 28
Machilus ichangensis 28
Magnoliaceae 13
Mahonia 66
Mahonia bealei 66
Malus 141, 142, 143
Malus honanensis 141
Malus hupehensis 142
Malus kansuensis 143
Matteuccia 4
Matteuccia struthiopteris 4
Meliosma 68
Meliosma veitchiorum 68
Metapanax 221
Metapanax davidii 221
Monotropa 121, 122
Monotropa uniflora 122

N

Neolitsea 29
Neolitsea confertifolia 29

O

Oleaceae 236
Onocleaceae 4
Orchidaceae 310
Orobanchaceae 243
Orobanche 243
Orobanche coerulescens 243
Ostrya 104
Ostrya japonica 104

P

Pachysandra 184
Pachysandra terminalis 184
Paeonia 105, 106, 107, 108
Paeonia jishanensis 106
Paeonia obovata 107
Paeonia rockii 108
Paeonia veitchii 105
Paeoniaceae 105
Paliurus 187
Paliurus hemsleyanus 187
Panax 222
Panax japonicus 222
Papaveraceae 71
Parasenecio 261, 262
Parasenecio dasythyrsus 261
Parasenecio sinicus 262
Paris 291, 292, 293
Paris polyphylla 291
Paris polyphylla var. *latifolia* 293
Paris polyphylla var. *stenophylla* 292
Periploca 231
Periploca sepium 231
Pertya 263, 264, 265, 266
Pertya cordifolia 263
Pertya dioica 264
Pertya henanensis 265
Pertya sinensis 266
Phellodendron 207, 208
Phellodendron amurense 207
Phellodendron chinense 208
Philadelphus 139
Philadelphus incanus 139
Phoebe 30, 32
Phoebe bournei 30
Phoebe sheareri 32
Pimpinella 229
Pimpinella rhomboidea 229
Pinaceae 5
Pinus 6, 7
Pinus armandii 6
Pinus bungeana 7
Pittosporaceae 135
Pittosporum 135, 136, 137
Pittosporum qinlingense 135
Pittosporum trigonocarpum 136
Pittosporum truncatum 137
Platanthera 327, 328
Platanthera chlorantha 327
Platanthera minor 328
Poaceae 271
Polygonatum 294, 295, 296, 297, 298, 299
Polygonatum cyrtonema 294
Polygonatum gracile 299
Polygonatum odoratum 295
Polygonatum sibiricum 296
Polygonatum verticillatum 297
Polygonatum zanlanscianense 298
Ponerorchis 329
Ponerorchis gracilis 329
Primula 134
Primula handeliana 134
Primulaceae 134
Pterocarya 86, 87
Pterocarya hupehensis 86
Pterocarya macroptera var. *delavayi* 87
Pteroceltis 81
Pteroceltis tatarinowii 81
Pyrolaceae 121

Q

Quercus 90, 91, 92, 93, 94, 95, 96
Quercus acrodonta 93
Quercus engleriana 94
Quercus glauca 91
Quercus mongolica 95
Quercus myrsinifolia 92

Quercus phillyreoides 96
Quercus shennongii 90

R

Ranunculaceae 45
Rehmannia 241
Rehmannia glutinosa 241
Reineckea 300
Reineckea carnea 300
Rhamnaceae 187
Rhodiola 138
Rhodiola yunnanensis 138
Rhododendron 123, 124, 126, 127, 128, 130
Rhododendron concinnum 123
Rhododendron henanense 126
Rhododendron mariesii 130
Rhododendron micranthum 127
Rhododendron purdomii 124
Rhododendron simsii 128
Rohdea 301, 302
Rohdea chinensis 301
Rohdea japonica 302
Rosa 150, 151, 153, 154, 155, 156, 157
Rosa cymosa 153
Rosa giraldii 157
Rosa henryi 154
Rosa moyesii 156
Rosa multiflora 150
Rosa multiflora var. *cathayensis* 151
Rosa sertata 155
Rosaceae 140
Rubiaceae 249
Rutaceae 207

S

Sabiaceae 68
Sapindaceae 190
Sarcococca 185
Sarcococca ruscifolia 185
Saruma 40
Saruma henryi 40
Saussurea 267
Saussurea cordifolia 267
Saxifragaceae 139
Schisandra 43, 44
Schisandra lancifolia 43
Schisandra sphenanthera 44
Schisandraceae 41
Scrophularia 242
Scrophularia ningpoensis 242
Scrophulariaceae 240
Selaginella 1
Selaginella pulvinata 1
Selaginellaceae 1
Sinowilsonia 78
Sinowilsonia henryi 78
Sorbaria 144, 145
Sorbaria arborea 144
Sorbaria kirilowii 145
Sorbus 146, 147, 148, 149
Sorbus discolor 146
Sorbus folgneri 149
Sorbus hupehensis 147
Sorbus koehneana 148
Spiranthes 330
Spiranthes sinensis 330
Stachyuraceae 119
Stachyurus 119
Stachyurus chinensis 119
Stewartia 109, 110
Stewartia sinensis 109
Stewartia sinensis var. *shensiensis* 110
Styracaceae 131
Styrax 131, 132, 133
Styrax calvescens 132
Styrax hemsleyanus 133
Styrax odoratissimus 131
Sycopsis 79
Sycopsis sinensis 79
Syringa 239
Syringa villosa 239

T

Tapiscia 189
Tapiscia sinensis 189
Tapisciaceae 189
Taxaceae 11
Taxus 11, 12
Taxus wallichiana var. *chinensis* 11
Taxus wallichiana var. *mairei* 12
Tetrapanax 223
Tetrapanax papyrifer 223
Tetrastigma 188
Tetrastigma hemsleyanum 188
Thalictrum 54, 55, 56, 57, 58, 59
Thalictrum faberi 55
Thalictrum fargesii 56
Thalictrum honanense 54
Thalictrum macrorhynchum 57
Thalictrum przewalskii 58
Thalictrum robustum 59
Theaceae 109
Thymelaeaceae 166
Tilia 118
Tilia miqueliana 118
Tiliaceae 118
Tripterospermum 230
Tripterospermum chinense 230
Tsuga 8
Tsuga chinensis 8
Tulipa 305
Tulipa erythronioides 305

U

Ulmaceae 81

V

Verbenaceae 233
Viburnum 256, 257, 258
Viburnum opulus subsp. *calvescens* 256
Viburnum propinquum 257
Viburnum utile 258
Vincetoxicum 232
Vincetoxicum versicolor 232
Vitaceae 188

Y

Yulania 13, 14, 15
Yulania biondii 13
Yulania cylindrica 14
Yulania sprengeri 15

Z

Zabelia 251
Zabelia dielsii 251
Zanthoxylum 209, 210, 211, 212, 213
Zanthoxylum dimorphophyllum 209
Zanthoxylum dimorphophyllum var. *spinifolium* 210
Zanthoxylum micranthum 213
Zanthoxylum molle 211
Zanthoxylum undulatifolium 212
Zelkova 82, 83
Zelkova schneideriana 82
Zelkova sinica 83
Zingiber 272
Zingiber mioga 272
Zingiberaceae 272